KB187198

상대성 이론이란
무엇인가

What Is Relativity?
Copyright © 2014 Jeffrey Bennett
All rights reserved.
This Korean edition is a complete translation of the U.S. edition, specially
authorized by original publisher, Columbia University Press.
이 책의 한국어판 저작권은 신원에이전시를 통해 저작권자와 독점 계약한 처음네
트웍스에 있습니다. 저작권법에 의해 한국 내에서 보호를 받는 저작물이므로 무단
전재와 복제를 금합니다.

상대성 이론이란 무엇인가

초판 1쇄 발행 | 2014년 8월 18일
4판 13쇄 발행 | 2023년 4월 25일

5판 1쇄 발행 | 2024년 3월 10일
5판 2쇄 발행 | 2024년 9월 10일

지은이 | 제프리 베네트
옮긴이 | 이유경
발행인 | 안유석
책임편집 | 고병찬
표지 디자이너 | 김민지
내지 디자이너 | 이정빈
펴낸곳 | 처음북스
출판등록 | 2011년 1월 12일 제2011-000009호
주소 | 서울시 강남구 강남대로 374 스파크플러스 강남 6호점 B229호
전화 | 070-7018-8812
팩스 | 02-6280-3032
이메일 | cheombooks@cheom.net
홈페이지 | www.cheombooks.net
인스타그램 | @cheombooks
페이스북 | www.facebook.com/cheombooks
ISBN | 979-11-7022-276-7 03400

이 책 내용의 전부나 일부를 이용하려면 반드시 저작권자와 처음북스의
서면 동의를 받아야 합니다.

* 잘못된 책은 구매하신 곳에서 바꾸어 드립니다.
* 본 책은 「상대성 이론이란 무엇인가」의 개정판입니다.
* 책값은 표지 뒷면에 있습니다.

상대성 이론이란 무엇인가

RELATIVITY

세상에서
가장 쉬운
물리학 특강

제프리 베네트 지음
이유경 옮김

처음북스

누구나 쉽게 이해할 수 있기를

내가 본격적으로 아인슈타인의 상대성 이론을 접하게 된 것은 대학교 1학년 때였다. 모두가 그렇듯이 나도 상대성 이론이 아주 어렵다고 들었다. 하지만 교수님의 강의에 귀 기울이고 집에서 공부해 보니 곧 그렇지 않다는 사실을 깨달았다. 상대성 이론은 일단 이해하기 시작하면 세상의 모든 것을 어렵게 만드는 것이 아니라 더 쉽고 단순하게 만드는 것이었다. 상대성 이론은 중요하기도 했다. 상대성 이론을 공부하기 전에 나는 시간과 공간의 기본적인 성질을 잘못 이해하고 있었다. 우리가 한평생을 시간과 공간 속에서 보낸다는 점을 고려할 때 그 이전에 내가 받은 교육은 중요한 것을 빠뜨렸다고 느꼈다.

상대성 이론을 접하고 일 년이 좀 못 되어서, 나는 우주와 과학에 흥미를 느끼는 아이들을 위한 여름 학교 프로그램에서 초등학생과 중학생들에게 상대성 이론의 아이디어 일부를 가르쳤다. 나는 학생들 다수가 얼마나 쉽게 상대성 이론의 핵심적인 아이디어를 이해하는지에 놀랐고, 그들을 보면서 한 가지 근본적인 사실을 깨달았다. 대부분의 사람이 상대성 이론을 이해하기 어려워하는 이유는 상대성 이론이 우리 마음에 깊이 각인된 시간과 공간에 대한 개념과 상충되기 때문이다. 하지만 이러한 개념이 덜 깊이 각인된 아이들에게는 상대적으로 낯설지 않아 어른들보다 쉽게 받아들일 수 있었던 것이다.

이 통찰은 몇 년 후 내가 대학교에서 천문학 개론 강의에 상대성 이론을 중요하게 포함시켜 가르칠 때 특히 도움이 되었다. 이전에 아이들을 가르치면서 깨달은 바를 토대로, 나는 그들이 시간과 공간을 바라보는 자신의 시각을 바꾸기 싫어하는 본능적인 저항을 극복하도록 돕는 데 초점을 맞췄다. 이러한 접근 방식의 또 다른 이점은 상대성 이론과 관련된 수학을 거의 동원하지 않고도 상대성 개념을 이해시킬 수 있다는 것이다. 강의를 마치면서 학생들에게 내 강의에서 가장 마음에 든 점을 물어보면 학생들은 늘 상대성 이론을 최고

로 꼽았다. 상대성 이론이 왜 그렇게 재미있었냐는 질문에 대부분의
학생은 (1) 상대성 이론이 새롭고 예상치 못한 방식으로 그들의 마
음을 열어 주어서, (2) 상대성 이론을 언제나 이해할 수 없는 어려운
주제로 생각했는데 그것을 이해하니 신나서 라고 했다.

　수년 동안 나는 천문학 강의에 상대성 이론을 포함해 역점을 두고
가르쳤고, 가르치는 방법을 계속 가다듬어 나갔다. 나와 내 세 친구
인 마크 보이트(Mark Voit), 메건 도나휴(Megan Donahue), 닉 슈나이
더(Nick Schneider)가 천문학 개론 강의를 위한 교재를 쓰기로 계약했
을 때 우리는 2개의 장을 상대성 이론에 할애했다. 당시에는 과학을
전공하지 않는 학생들을 대상으로 한 천문학 강의에서 상대성 이론
을 비중 있게 가르치는 교수는 거의 없었다. 우리가 상대성 이론을
비중 있게 다룬 후 강의에 상대성 이론을 포함시키는 교수들이 늘어
났다.

　그래서 나는 이 책의 목표를 다음과 같이 잡았다. 내가 이해했고

내 강좌와 교재를 통해 학생들과 공유했던 것처럼, 독자들도 상대성 이론을 보다 쉽게 이해하게 돕고 싶다. 나는 독자들이 상대성 이론을 생각보다 훨씬 더 쉽고 훨씬 더 놀라운 주제로 느끼게 될 것이라고 생각한다. 또, 우리 자신을 광대한 우주 속의 인간으로 바라보는 방식에 상대성 이론이 중요한 영향을 미친다는 내 생각에 동의하게 되기를 바란다. 1915년에 발표한 아인슈타인의 일반 상대성 이론 100주년이 다가오는 이 시점에서 나는 상대성 이론을 어려운 과학의 영역에서 일반 대중이 이해할 수 있는 영역으로 옮겨 와야 한다고 믿는다. 이 책이 그 일을 돕는다면, 이 책은 성공한 것이다.

- 제프리 베네트

1915년 아인슈타인의 일반 상대성 이론 발표 100주년 기념
캘리포니아공과대학교 소장 자료

차례

【I】
시작

1. 블랙홀 여행

1.

블랙홀 여행

태양이 어떤 불가사의한 이유로 폭발했다고 상상해 보자. 태양은 질량은 그대로지만 크기가 아주 줄어들어 블랙홀이 되었다. 그러면 지구와 다른 행성은 어떻게 될까? 물어보면 초등학교 아이들까지도 거의 모두 행성들이 블랙홀로 '빨려 들어갈 것'이라고 자신 있게 대답할 것이다.

이제 당신이 우주 여행자라고 상상해 보자. 왼쪽에서 불쑥 블랙홀이 나타난다. 어떻게 해야 할까? 사람들에게 물어보면, 아마 엔진을 가동시켜 그곳에서 빠져나와야 한다고 말할 것이다. 블랙홀로 '빨려 들어가지 않으면' 행운일 거라면서 말이다.

하지만 여기서 상대성 이론을 이해하는 중요하고 작은 비밀 한 가지를 알려 주겠다. '블랙홀은 빨아들이지 않는다.' 태양이 갑자기 블랙홀이 된다면 지구는 매우 춥고 어두워질 것이다. 하지만 블랙홀이 태양의 질량을 그대로 유지한다고 가정했기 때문에 지구는 여전히 제 궤도를 돌고 있을 것이다.

우주 여행자의 경우는…… 첫째, 블랙홀이 예고 없이 '불쑥' 나타나는 일은 없을 것이다. 우리는 여기 지구에서도 많은 블랙홀을 식별해 낼 수 있다. 그리고 언젠가 우주 여행이 가능해진다면, 우리는 분명 여행길에서 마주칠 블랙홀의 위치를 알려 주는 지도를 가지고 있을 것이다. 혹시나 지도에 빠진 블랙홀이 있다고 해도 이 블랙홀에 가까이 다가가는 동안 블랙홀의 중력이 우주선에 서서히 영향을 미칠 것이므로 갑자기 블랙홀을 발견하는 일은 없을 것이다. 둘째, 공교롭게도 이 블랙홀을 향해 정통으로 날아가지 않는 한 블랙홀에 빠지는 일은 없을 것이다. 그저 보이저호나 뉴호라이즌스호 등의 우주선이 목성을 지나 태양계의 더 먼 외곽으로 나아가는 것처럼 블랙홀 곁을 지나칠 것이다.

아마 당신은 실망할지도 모른다. 중학생인 내 딸아이는 이렇게 투덜댔다. "하지만 블랙홀이 빨아들인다고(suck) 생각하는 것은 멋지잖아요(cool)." 나는 '멋지다'와 '거지 같다(it sucks)'는 대개 한 문장에 쓰지 않는다고 지적해서 아이를 약간이나마 달랠 수 있었다. 당신은 아마 궁금해할지도 모른다. 블랙홀이 빨아들이지 않으면 무얼 하지?

그 대답은 두 가지다. 하나는 평범하고 재미없다. 하지만 다른 하나는 정말 놀라워서 이 진공청소기 이미지를 싹 지워 버릴 것이다. 평범한 답은 멀리서 바라보는 블랙홀에 적용된다. 멀리 떨어져 있을 때 블랙홀의 중력은 다른 물체의 중력과 다르지 않다. 그래서 태양이 블랙홀이 되어도 지구 궤도에 아무 영향을 미치지 않을 것이고, 우주선은 목성 옆을 지나가듯 블랙홀 옆을 지나갈 것이다. 두 번째

답인 놀라운 답은 블랙홀에 가까이 다가갈 때 생긴다. 거기서는 오직 아인슈타인의 상대성 이론을 통해서만 이해할 수 있는 시간과 공간의 극적인 왜곡을 목격하게 될 것이다.

거기에 이 책의 핵심이 있다. 나는 블랙홀 이야기로 이 책을 시작했다. 왜냐하면 거의 모두가 블랙홀에 대해 들어 봤지만, 사실 블랙홀은 아인슈타인이 발견한 기본적인 아이디어들을 이해하지 않고서는 제대로 알 수 없기 때문이다. 이 책의 한 가지 목적은 그 이해를 돕는 것이다. 하지만 또 다른 더 중요한 목적도 있다.

상대성 이론을 알아가는 과정에서 당신은 일상적으로 생각하는 시간과 공간 개념이 사실 우주의 현실을 정확하게 반영하고 있지 않음을 알게 될 것이다. 본질적으로 말해, 당신은 겉보기에는 합리적으로 보이지만 사실은 그리 합리적이지 않은 '상식'을 가지고 살아왔음을 깨닫게 될 것이다. 그것은 당신의 잘못이 아니다. 보통 우리는 시간과 공간의 진정한 속성이 분명하게 드러나는, 극단적인 조건을 경험하며 살아가지 않기 때문이다. 그러므로 이 책의 진짜 목적은 우리가 살아온 허구와 현실을 구별하고, 그러는 과정에서 아인슈타인이 처음으로 이해했던 현실의 심오한 의미들을 생각하도록 돕는 것이다.

그럼 이제 상상의 나래를 펴고 블랙홀 여행을 떠나면서 시작해 보자. 이 여행은 아인슈타인의 아이디어가 가장 극적인 효과를 나타내는 두 가지 조건을 경험할 기회를 줄 것이다. 두 가지 조건이란 바로 빛의 속도에 가까운 속도와 블랙홀 가까이에 존재하는 극단적으로 엄청난 중력이다. 우선, 우리는 이 여행에서 실제로 관찰할 바에 초점을 맞출 것이다. 왜 그런 현상이 일어나는지 그 이유는 이후의 장들에서 살펴볼 것이다.

▎어느 블랙홀로 갈 것인가

블랙홀로 가려고 한다면 먼저 블랙홀을 찾아야 한다. 블랙홀이란 용어가 깜깜한 우주 속에서 보이지 않는 무언가를 암시하기 때문에 블랙홀을 찾는 것이 어려울 거라고 생각할지도 모른다. 이것은 얼마간 사실이다. 블랙홀의 정의는 '빛이 달아나지 못하는 물체'인데, 이는 고립된 블랙홀은 실제로 눈에 보이지 않을 정도로 검다는 것을 의미한다. 하지만 우리가 아는 한, 모든 블랙홀은 질량 또한 대단히 크다. 최소한 태양 질량의 몇 배이고, 때로는 그보다 훨씬 더 크다. 그 결과, 우리는 원칙상 블랙홀이 주변에 미치는 중력 영향을 통해 블랙홀을 알아낼 수 있다.

블랙홀의 중력은 두 가지 방식으로 드러난다. 첫째, 그 주변을 도는 물체를 보고 블랙홀을 찾을 수 있다. 예를 들어, 한 항성이 질량이 큰 다른 물체 주위를 돌고 있는데, 그 물체가 빛을 내지 않는다고 하자. 항성이라면 빛을 내야 하는데 말이다. 눈에 보이는 항성이 궤도를 그리며 돌고 있다면 궤도 안에 분명 뭔가가 있어야만 하는데, 이 뭔가가 보이지 않는다면 블랙홀일 가능성이 있다.

둘째, 블랙홀의 존재는 블랙홀을 둘러싼 가스가 내뿜는 빛을 통해 알 수 있다. 우리는 종종 우주를 텅 비어 있다고 생각하지만, 우주는 완전한 진공 상태가 아니다. 항성과 항성 사이의 광활한 우주 공간에조차 언제나 최소한 몇 개의 원자가 떠돌고 있다. 그리고 천문학 사진들에서 보는 아름다운 성운은 사실 커다란 가스 구름이다.

블랙홀 가까이에 있는 가스는 블랙홀 주위를 돌게 되는데, 블랙홀은 크기는 아주 작아도 질량은 매우 크기 때문에 블랙홀 가까이에 있는 가스는 굉장히 빠른 속도로 돈다. 빠른 속도로 움직이는 가스는 온도가 아주 높은데, 고온의 가스는 높은 에너지의 빛, 예컨대 자외선이나 X-선 빛을 낸다. 그러므로 매우 작은 물체를 둘러싼 지역에서 X-선이 뿜어져 나오고 있는 것을 발견했다면, 이 작은 물체가 블랙홀일 가능성이 있다.

블랙홀의 이 두 가지 특징은 백조자리에 있으면서 강한 X-선을 뿜어내는 유명한 블랙홀 시그너스 X-1(Cygnus X-1)에서 잘 볼 수 있다. 시그너스 X-1은 쌍성계, 즉 두 개의 질량이 큰 물체가 서로의 주위를 돌고 있는 체계이다. 대부분의 쌍성계는 두 개의 항성이 서로의 주위를 돌지만, 시그너스 X-1의 경우에는 한 개의 항성만 보인다. 이 보이는 항성의 궤도를 측정함으로써 또 다른 물체의 질량이 태양 질량의 약 15배임을 알게 되었지만, 이 두 번째 물체는 어떤 식으로도 모습을 드러내지 않는다. 더구나 이 보이는 항성은 X-선을 뿜어 낼 만큼 뜨겁지 않으므로, X-선은 두 번째 물체를 둘러싼 매우 뜨거운 가스로부터 나오고 있음이 분명하다. 이로써 우리는 블랙홀의 존재를 알려 주는 핵심적인 두 실마리를 얻는다. 즉, 보이진 않지만 질량이 큰 물체의 주위를 도는 항성과 X-선 방출이다. X-선 방출은 이 보이지 않는 물체가 매우 뜨거운 가스로 둘러싸일 만큼 크기가 작다는 점을 말해 준다. 물론 이 보이지 않는 물체가 블랙홀이라고 결론짓기 전에, 우리는 이 보이지 않는 물체가 다른 종류의 크기는 작지만 질량이 큰 물체일 수도 있을 가능성을 배제해야 한다. 그 방법은 7장에서 이야기할 것인데, 현재의 증거들로 보면 시그너스 X-1이 블랙홀을 포함하고 있을 가능성은 매우 크다.

현재 시그너스 X-1과 비슷한 많은 다른 체계가 알려져 있으며, 항성의 일생에 대해 현재 우리가 관찰하고 이해한 바를 종합해 보면, 대부분의 블랙홀은 질량이 높은 항성(태양의 질량보다 최소한 10배 이상)이 죽고 남은 잔해다. 즉, 이 질량이 높은 항성들이 '살아 있었을' 때 이들을 빛나게 해 주었던 연료가 다 고갈되었다는 의미다. 현재의 기술로는 시그너스 X-1에 있는 블랙홀처럼 아직 살아 있는 항성을 포함해 쌍성계에서 궤도를 돌고 있는 블랙홀만 식별할 수 있다. 혼자 존재하다 죽은 항성, 두 항성 모두 죽은 쌍성계 등 그 밖의 블랙홀을 식별하기는 아직 어렵다. 보이는 항성도 없고, 주변 가스의 양도 너무 적어서 X-선 방출량이 많지 않기 때문이다. 하지만 이들 블랙홀은 현재 우리가 식별할 수 있는 블랙홀보다 그 수가 훨씬 많음은 틀림없다. 우리는 지금 이런 블랙홀들도 다 식별할 수 있다고 가정하자.

죽은 항성의 잔해인 블랙홀 외에, 훨씬 더 장관이고 일반적인 종류의 블랙홀도 있다. 바로 은하계(혹은 몇몇 경우, 빽빽이 밀집한 항성들의 무리)의 중심에 자리하고 있는 초질량 블랙홀이다. 이들 블랙홀의 기원은 아직 밝혀지지 않았지만, 이들의 거대한 질량 덕분에 이들을 발견하기는 비교적 쉽다.

예를 들어, 지구가 속한 은하계인 우리 은하(Milky Way Galaxy)의 중심에는 항성들이 엄청난 속도로 중심 물체의 주위를 돌고 있는 것을 관측할 수 있다. 행성이 도는 속도로 볼 때 이 중심 물체는 태양의 질량보다 약 400만 배나 크지만, 지름은 태양계의 지름보다 그리 크지 않다. 오직 블랙홀만이 그렇게 작은 공간에 그렇게 큰 질량이 압축되어 있는 현상을 설명할 수 있다. 대부분의 다른 은하계도 중심에 초질량 블랙홀이 있는 것으로 보인다. 가장 극단적인 경우, 이러한 종류의 블랙홀은 태양 질량의 수십억 배에 달하는 질량을 가진다.

블랙홀의 위치에 대해 이상과 같은 배경지식을 가지고, 당신이 여행할 블랙홀을 선택할 것이다. 원칙적으로 아무 블랙홀이나 선택할 수 있지만, 지구에서 비교적 가까운 블랙홀 중에서 우리의 실험에 방해가 될 만큼 뜨거운 가스가 많은 블랙홀은 피한다면 가장 성공적인 여행이 될 것이다. 아직까지 그런 블랙홀을 찾아내지는 못했지만, 통계적으로 볼 때 지구에서 약 25광년 이내의 거리에 그러한 블랙홀이 있을 가능성은 상당하다. 그러므로 상상의 블랙홀은 25광년 떨어져 있는 블랙홀이라고 가정하자.

| 지구에서 블랙홀까지의 왕복 여행

<스타트렉>이나 <스타워즈> 같은 많은 공상 과학 영화를 보면 25광년의 여행은 동네 길모퉁이까지 갔다 오는 데 지나지 않는다. 은하계 전체로 볼 때는 정말로 옆집이라고 할 수 있다. 그림 1.1의 우리 은하 그림을 보면 왜 그런지 알 수 있다. 우리 은하는 지름이 약 10만 광년이고, 태양계는 우리 은하 중심과 가장자리 사이의 중간쯤에 위치해 있다. 지구에서 우리가 갈 블랙홀까지의 25광년은 10만 광년의 0.025%이므로 25광년은 그저 샤프펜슬로 찍은 점 하나에 지나지 않는다.

태양계의 대략적 위치

그림 1.1 우리 은하
우리 은하의 지름은 약 10만 광년이다. 이 그림에 샤프펜슬로 점 하나를 찍으면 25광년보다 더 긴 거리를 나타내게 된다.

그러나 인간의 관점에서 볼 때 25광년은 꽤 먼 거리다. 광년은 빛이 일 년 동안 갈 수 있는 거리다. 빛은 아주 빨라서 그 속도는 초당 약 30만 킬로미터다.

이것은 1초에 지구를 거의 8바퀴나 돌 수 있다는 뜻이다. 1분은 60초이므로 60을 곱하고, 1시간은 60분이므로 또 60을 곱하고, 하루가 24시간이므로 24를 곱하고, 일 년이 365일이므로 365를 곱하면, 1광년은 10조 킬로미터가 조금 못 된다. 그러므로 25광년이라는 거리는 거의 250조 킬로미터다.

이 거리가 얼마쯤 되는지 실감하는 방법은 여러 가지가 있는데, 내가 개인적으로 좋아하는 방법은 태양계를 실제 크기의 100억분의 1로 줄여 생각하는 것이다. 그렇게 크기를 줄여 만든 태양계 모형이 보이지 스케일 모형(Voyage Scale Model)이다(그림 1.2). 이 모형에서 태양은 커다란 자몽만 하고, 지구는 볼펜 끝의 동그란 알보다 더 작으며 태양으로부터 약 15미터 떨어져 있다. 달(인간이 가장 멀리 가본 곳)은 지구에서 엄지손가락 너비만큼 떨어져 있다. 이 모형이 있는 곳에 실제로 가서 태양에서 지구까지 걸어 보면 약 15초가 걸리고, 태양계의 가장 먼 행성까지는 몇 분이면 도착한다. 하지만 이 모형에서 1광년은 약 1,000킬로미터이다(1광년은 10조 킬로미터이고, 10조 킬로미터를 100억으로 나누면 1,000이므로). 가장 가까운 항성이라 할 수 있는 4광년 떨어진 항성까지 가려면 미국(약 4,000킬로미터)을 횡단해야 한다는 이야기가 된다. 우리가 여행하려는 블랙홀까지의 25광년은 지구를 횡단해도 모자라다.

그림 1.2
워싱턴 D.C.에 있는 보이지 스케일 모형으로, 태양(받침대 위의 구체)과 내행성들을 보여 준다. 보이지 모형은 태양계를 1대 100억의 축척으로 보여 준다. 축척상으로 보면 내행성들은 걸어서 몇 분이면 모두 갈 수 있지만, 실제로는 가장 가까운 항성까지 가려면 미국을 횡단해야 하고, 우리가 가려고 하는 25광년 떨어진 블랙홀은 지구상에 표시할 수 없는 거리이다. 이와 비슷한 보이지 모형들을 많은 웹사이트에서 볼 수 있다. 자세한 정보는 www.voyagesolarsystem.org에서 확인하자.

이 엄청난 거리가 우리 여행에서 가장 큰 도전이다. 현재의 기술로는 우리의 일생이 끝나기 전에 이 블랙홀까지 가는 것은 불가능하다. 사실, 일생에 일생을 더하고 거기에 또 한 번의 일생을 더해도 모자랄 수 있다. 지금껏 우리가 만든 가장 빠른 우주선은 시간당 약 5만 킬로미터, 초당 약 14킬로미터의 속도로 우주를 난다. 이 속도는 인간의 기준으로 볼 때는 꽤 빠르다. 날아가는 총알보다 100배쯤 더 빠른 것이다.

하지만 빛의 속도에 비하면 2만분의 1보다 더 느려서, 이 속도로 가면 1광년의 거리를 가는 데 2만 년 이상 걸릴 것이다. 1광년을 가는 데 2만 년 이상이 걸리는 우주선으로 25광년 떨어진 블랙홀로 가려면 50만 년 이상이 걸릴 것이다.

그러므로 우리의 블랙홀로 가려면 지금보다 더 뛰어난 기술을 상상해야 한다. 당신은 <스타트렉>에서 본, 빛보다 빠르다는 워프 항법(warp drive)을 떠올릴지도 모르나 당분간 그 선택은 접어 두라고 말하고 싶다. 워프 항법이나 그와 비슷한 것은 가능할지도 모르나(이에 대해서는 나중에 이야기하겠다), 현재 과학 수준에서 이해하고 증명할 수 있는 범위를 벗어나기 때문이다. 그러므로 우리는 아인슈타인이 말한 빛보다 빠른 것은 없다는 제한에 묶인다.

하지만 아인슈타인의 이론은 빛의 속도에 얼마나 가까이 갈 수 있느냐는 제한하지 않았다. 아주 빠른 속도에 이를 수 있는 실질적인 방법만 찾으면 된다. 그러니 우리는 미래의 공학이 빛의 속도의 99%에 이르는 빠른 속도로 여행할 수 있는 방법을 찾을 것이라고 가정하자. 간단히 표기하기 위해 우리는 이 속도를 0.99c라고 쓸 것이다. 여기서 c는 빛의 속도를 뜻한다.

지구에 남아 있는 친구들의 관점에서 우리의 여행이 어떻게 펼쳐질지를 생각해 보는 것은 쉽다. 빛보다 약간 더 늦은 속도로 여행할 것이기 때문에 여행하는 데는 빛보다 약간 더 오래 걸릴 것이다. 좀 더 자세히 말해, 빛이 블랙홀까지 가는 데 25년이 걸리고 왕복에는 50년이 걸리므로 빛보다 약간 느린 0.99c의 속도로 왕복 여행을 하는 데는 50년 6개월이 걸릴 것이다(50년 나누기 0.99). 2040년 초반에 지구를 떠나서 블랙홀에서 실험을 하며 6개월을 머무른 후 다시 지구에 돌아오면 2091년 초반이 될 것이다.

우리의 평범한 직관으로는 블랙홀에서 머무르는 6개월을 포함하여 총 51년이 걸릴 것으로 예상된다. 하지만 실제로는 그렇지 않다. 실제로는 다음과 같은 일이 일어난다.

간단하게 계산하기 편하도록 여행 내내 0.99c의 속도로 날아간다고 치자(실제로는 그렇게 빠른 속도로 갑자기 가속하고 도착지에서 또 갑자기 감속하면 굉장한 힘에 의해 우주선이 찌그러질 테지만 그건 무시하자). 여행을 시작하고 얼마 지나지 않아 당신은 깜짝 놀랄 것이다. 블랙홀 근처의 항성들이 갑자기 훨씬 더 밝아질 것이다.[1] 마치 갑자기 다가온 것처럼 말이다. 실제로 측정해 보면 블랙홀까지의 거리는 지구에서 측정한 25광년이 아니라 약 3.5광년으로 줄어든다는 것을 알게 될 것이다.

따라서 0.99c의 속도로 블랙홀까지 가는 데는 3년 6개월이 조금 더 걸린다. 지구로 돌아오는 데도 똑같이 걸릴 것이므로, 블랙홀에서 6개월을 보낸 것을 합해 당신은 지구를 떠난 지 총 약 7년 6개월 만에 다시 지구로 돌아올 것이다. 2040년 초반 지구를 떠날 때부터

---

1) 매우 빠른 속도로 이동할 때 실제로 보이는 것은 여기서 이야기하는 것보다 훨씬 복잡하다. 거리의 변화 외에 여러 다른 요소도 작용하기 때문이다. 예를 들어, 이 경우에 항성들의 모습은 짧아진 거리뿐만 아니라 항성들로 향해 갈 때(혹은 항성들로부터 멀어질 때)의 도플러 효과와 서로 다른 거리의 물체들이 내는 빛의 이동 시간 차이에 의한 광효과(optical effect)의 영향도 받는다. 이 책 전반에서 내가 '보다(see)'라고 말할 때는 실제 모습에 영향을 주는 모든 요소를 고려한 후 추론한 바를 말한다.

달력에 하루씩 표시한다면, 지구로 돌아왔을 때 달력은 2047년 중반을 가리키고 있을 것이다.

잠시 이것에 대해 생각해 보자. 당신의 달력은 지구를 7년 6개월 동안 떠나 있었기 때문에 2047년을 가리키고 있을 것이다. 당신은 7년 6개월 동안 쓸 물자만 있으면 되고, 지구를 떠난 후 7년 6개월만큼 나이가 더 들 것이다.

하지만 지구에 남아 있는 모든 사람의 달력은 2091년을 가리키고 있을 것이다. 친구들과 가족은 당신이 지구를 떠났을 때에 비해 51년이나 더 나이가 들어 있을 것이다. 사회는 51년 동안의 문화 변화와 기술 변화를 겪었을 것이다. 다시 말해, 당신이 지구에 돌아와 보면 당신에게는 겨우 7년 6개월이 흘렀지만, 지구에서는 51년이 흘렀음을 발견할 것이다. 당신은 우주 여행 동안 아무 이상한 점을 느끼지 못했겠지만, 시간은 지구에서보다 당신에게 더 천천히 흘렀을 것이다.

이전에 아인슈타인의 이론을 공부하지 않았다면 당신은 이 이야기를 믿기 어려울 것이다. 그래도 괜찮다. 아직 그 이유를 설명하지 않았으니까. 앞으로 차차 설명할 것이다. 지금은 그저 빛의 속도와 근사한 속도로 이동할 때 어떤 극적인 일이 벌어질지에 대해 아인슈타인이 예측한 바의 한 예를 봤다고만 해 두자. 이제 다시 블랙홀로 다가가고 있는 시점으로 돌아가 보자.

| 궤도에 진입하기

블랙홀을 향한 접근을 이해하는 첫 단계는 우주 여행과 지구에서의 여행이 어떻게 다른가를 기억하는 것이다. 지구에서는 엔진을 끄면 자동차나 배나 비행기의 속도가 줄어들어 결국 멈춘다. 그 이유는 땅이나 물이나 공기와의 마찰 때문이다. 하지만 우주에서는 마찰이 없다. 그래서 엔진을 꺼도 어떤 것과 충돌하지 않는 한 영원히 계속 간다. 엔진을 발동하는 이외에 우주선의 속도와 진로에 영향을 미칠 유일한 요소는 중력이다. 그러므로 블랙홀로 접근할 때 어떤 일이 일어날지 이해하려면 블랙홀의 중력이 우주선의 진로에 어떤 영향을 미칠 수 있는지를 이해해야 한다.

일상적으로 궤도라고 하면 우리는 대개 무엇의 주위를 둥글게 도는 길을 생각한다. 하지만 우주에서의 궤도는 오직 중력에 의해서만 지배되는 길을 말한다. 중력의 근원이 행성이든, 항성이든, 블랙홀이든, 그 밖의 어떤 것이든, 그것은 상관없다.

궤도의 일반적 성질은 300여 년 전 아이작 뉴턴이 처음 밝혔다. 그는 궤도가 기본적으로 세 가지 모양을 띨 수 있다는 사실을 발견했다. 이 세 가지는 타원, 포물선, 쌍곡선이다(원은 타원의 특별한 형태로 간주한다. 정사각형을 직사각형의 특별한 형태로 간주하는 것과 마찬가지다). 이 세 가지 모양은 원뿔을 각각 다른 각도로 잘랐을 때 만들어지는 모양들로 종종 '원뿔곡선'이라고 부른다. 그림 1.3은 이 세 가지 모양이 어떻게 만들어지는가를 보여 준다.

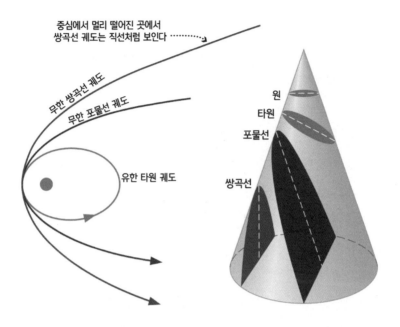

중심에서 멀리 떨어진 곳에서
쌍곡선 궤도는 직선처럼 보인다 ············

무한 쌍곡선 궤도
무한 포물선 궤도

유한 타원 궤도

원
타원
포물선
쌍곡선

그림 1.3 중력이 허용하는 궤도들
300여 년 전, 아이작 뉴턴은 왼쪽 그림이 보여 주는 것처럼 중력이 오직 세 가지 기본적인 궤도만 허락한다는 사실을 발견했다. 오른쪽의 원뿔 그림은 원뿔을 어떻게 자르면 이 세 가지 모양이 나오는지를 보여 준다. 그래서 이 세 가지 모양을 원뿔곡선이라고 부른다. 원은 타원의 한 유형으로 간주함에 주의하자.

그림 1.3의 궤도를 볼 때는 세 가지 요점에 특히 주의를 기울여야 한다. 첫째, 타원(원 포함)은 '둥글게, 둥글게' 한 바퀴 돌 때마다 다시 제자리로 돌아오는 유일한 궤도임을 주목해야 한다. 바로 우리가 일반적으로 생각하는 궤도다. 모든 위성은 행성을 타원으로 돌고, 모든 행성은 항성을 타원으로 돌고, 모든 항성은 은하계를 타원으로 돈다.

그림 1.3에서 주목해야 할 두 번째 핵심 아이디어는 유한 궤도와

무한궤도의 차이점이다. 우리는 타원을 유한 궤도라고 말한다. 타원 궤도 위의 물체는 중심 물체의 중력에 의해 중심 물체로부터 벗어나지 못하기 때문이다. 포물선과 쌍곡선은 무한궤도로, 이들 궤도를 따르는 물체는 중심 물체로 다가와서 지나치고 다시 돌아오지 않는다. 즉, 중심 물체의 중력은 이들 궤도 상의 물체에 영원한 영향력을 미치지 않는다. 우주선(이나 많은 혜성) 같이 먼 곳에서 오는 물체들은 분명 유한한 타원 궤도 상에 있지 않다. 그러므로 포물선 궤도나 쌍곡선 궤도 상에 있어야만 한다. 대부분의 무한궤도는 쌍곡선 궤도다.[2]

세 번째 핵심 아이디어는 타원, 포물선, 쌍곡선, 이 세 가지가 중력이 허용하는 모든 궤도를 나타낸다는 점이다. 세 가지 중 빨아들이기는 없으므로, 내가 앞에서 '블랙홀은 빨아들이지 않는다'라고 말한 이유를 이제 이해할 것이다. 중력은 중력이고, 중력은 물체의 질량에 의해 결정된다. 멀리 떨어져 있을 때 블랙홀의 중력은 같은 질량을 가진 다른 물체의 중력과 다르지 않다. 다만 블랙홀에 아주 가까이 다가갔을 때만[3] 뉴턴이 알아낸 중력의 영향과 달라지는데, 지금은 뉴턴이 알

---

2) 포물선 궤도와 쌍곡선 궤도의 주요 차이점은 중심 물체에서 멀리 떨어졌을 때의 모양이다. 포물선 궤도는 늘 곡선을 그리지만, 먼 거리에 있는 쌍곡선 궤도는 직선과 구분할 수 없다. 수학적으로 볼 때, 쌍곡선이 포물선(타원과 쌍곡선의 중간이라고 보면 된다)보다 가능성의 범위가 훨씬 더 넓다. 그래서 대부분의 무한궤도는 쌍곡선 궤도다.

3) 이 경우 '아주 가까이'란 블랙홀에서 약 100킬로미터 이내를 뜻한다(좀 더 일반적으로는 약 2슈바르츠실트 반지름인 사건의 지평선 이내를 의미한다. 이것은 7장에서 정의한다). 이 거리 이내에서만 뉴턴의 궤도를 따르지 않는다. 사실, 이 영역 안에서는 '빨려 들어가는' 것처럼 보일 수도 있다. 하지만 7장에서 이 현상을 좀 더 정확히 설명하겠다.

아낸 세 기본 궤도가 적용되는 거리에 머문다고 가정하자.

우리는 이제 이 세 핵심 사항을 당신의 우주선에 적용할 수 있다. 당신은 멀리서부터 블랙홀에 접근하기 때문에 무한 쌍곡선 궤도 위에 있다. 그러므로 엔진을 가동하지 않는 한 당신은 이 무한궤도를 계속 따라가게 될 것이므로, 블랙홀을 지나쳐서 다시는 돌아오지 않을 것이다. 그러지 않을 유일한 방법은 블랙홀에 거의 정통으로 겨냥해 가는 경우뿐인데, 그러면 블랙홀로 빠질 것이다.

하지만 그럴 가능성은 아주 희박하다. 기억하라. 블랙홀은 질량은 크지만, 크기는 작다. 예를 들어, 태양 질량보다 10배 더 큰 질량의 블랙홀은 지름이 겨우 약 60킬로미터다. 지구의 큰 도시보다 크지 않으며 많은 경우 소행성보다 더 작다. 지구에서부터 250조 킬로미터를 날아오면서 이렇게 작은 타깃에 정확하게 겨냥된다면, 당신은 역사상 최고로 운이 없는 사람일 것이다.

빠른 속도로 블랙홀을 그냥 지나쳐버리지 않을 수 있는 실제적인 유일한 방법은 우주선의 속도를 늦추는 것이다. 엔진을 잘 조절하면 블랙홀 주위를 도는 유한 궤도 상에 우주선을 안착시킬 수 있을 것이다. 이렇게 해서 이제 우주선을 '정박'하고 엔진을 끈 채 블랙홀에서 몇천 킬로미터 떨어져서 둥글게 궤도를 돌고 있다고 가정하자. 여기서 우주선을 궤도에 잡아 두는 중력의 힘은 꽤 강할 것이다. 중력의 힘은 중심 물체의 질량과 중심 물체로부터의 거리에 따라 달라지는데, 태양의 질량보다 더 큰 질량을 가진 물체라면 수천 킬로미터 떨어진 거리는 꽤 가까운 거리이기 때문이다. 그렇지만 완벽하게 안전하다. '빨려 들어갈' 걱정은 없는 것이다. 당신은 원하는 만큼 오랫동안 이 궤도를 돌 수 있다.

❙ 궤도에서의 관찰

이 궤도 위에서 보면 처음에는 모든 것이 평범할 것이다. 우주선이 회전하지 않는 한 우주선 안에서 무중력 상태로 떠 있을 것이고, 시계는 정상적으로 시간을 기록하고 있을 것이다. 블랙홀에서 수천 킬로미터 떨어져 있고 블랙홀 주위에 빛을 내는 가스가 거의 없는 상태이므로 블랙홀은 거의 보이지 않을 것이다. 비교적 빠른 속도로 (중력이 강하므로 빨리 돈다) 보이지 않는 물체 주위를 돌고 있다는 사실 외에 당신이 블랙홀 근처에 있다는 사실을 알려줄 요소는 거의 없을 것이다.

그렇지만 이 먼 거리를 날아와서 그냥 갈 수는 없다. 그래서 당신은 몇몇 실험을 하기로 마음먹는다. 첫 번째 실험을 하기 위해 우주선의 물품 창고로 가서 푸른 형광색으로 숫자가 적혀 있는 똑같은 시계 두 개를 꺼낸다. 둘 다 같은 시간으로 맞춘 후 하나는 우주선 안에 두고, 다른 하나는 작은 로켓을 달아 블랙홀을 향한 출입구 밖으로 내놓는다. 이 작은 로켓을 계속 가동시켜 이 시계가 우주선에서 천천히 멀어지면서 블랙홀을 향해 떨어지도록 해 놓는다. 그러면 당신은 곧 우주선 밖의 시계가 이상하게 작동하기 시작하는 것을 알아챌 것이다.

두 시계는 같은 시간을 기록하고 있었지만, 곧 블랙홀을 향해 떨어지고 있는 시계의 시간이 눈에 띄게 천천히 가고 있다는 사실을 발견할 것이다. 더구나 시계의 푸른색 숫자가 점차 빨간색으로 바뀌고 있을 것이다. 당신이 관찰한 이 두 가지, 시계가 느리게 가고 숫자가 빨간색으로 변하는 것은 아인슈타인이 예측한 핵심적인 효과의 결과다. 강한 중력에서는 시간이 느리게 흐른다는 것이다.

시간이 천천히 흐르면 시곗바늘이 더 늦게 간다는 사실을 이해하기는 비교적 쉽다. 시간을 가리키는 숫자들이 붉게 변하는 이유는 약간 이해하기 어렵다. 그것은 이렇게 이해하면 된다. 시계가 '느낄' 수 있다면 시계 자신은 아무 이상도 느끼지 않을 것이고, 정상적으로 푸른 빛을 발하고 있을 것이다. 모든 형태의 빛은 특정 진동수로 진동하는 파동으로 생각할 수 있다. 푸른빛의 진동수는 초당 약 750조 사이클이고, 붉은빛의 진동수는 그보다 좀 더 낮아서 초당 약 400조 사이클이다. 이제 당신이 있는 곳에서 볼 때 블랙홀로 떨어지고 있는 시계는 시간이 천천히 흐르고 있다는 사실을 기억하라. 즉, 이 시계의 1초는 당신의 1초보다 '더 길다'. 그러므로, 당신의 1초 동안 이 시계가 1초당 내는 파동 750조 사이클 중 일부만 볼 수 있는 것이다. 당신은 그래서 750조 사이클보다 적은 주파수를 관찰하게 될 것이고, 주파수가 더 적다는 것은 더 빨간색으로 된다는 의미다. 이렇게 중력이 큰 곳의 물체가 더 빨간빛을 내는 효과를 '중력에 의한 빛의 적색이동'이라고 부른다.

다시 시계로 돌아가 보자. 시계가 블랙홀로 천천히 떨어지게 하려면 블랙홀로 가까이 다가갈수록 시계에 달린 로켓은 점점 더 강력하게 연료를 분사해야 할 것이다. 하지만 어느 시점에서 로켓의 연료는 바닥날 것이다. 그렇게 되는 순간 마치 발밑의 바닥이 꺼져 버린 것처럼 시계는 블랙홀로 빠르게 떨어지기 시작할 것이다. 여기서 정말 이상한 일이 일어난다.

시계의 관점에서 볼 때, 시계는 지구에서 돌이 땅에 떨어지듯이 블랙홀로 떨어지고 있다. 단, 블랙홀은 지구보다 중력이 훨씬 더 강하다. 그래서 시계는 블랙홀에 가까이 가면 갈수록 점점 더 빠르게 떨어질 것이다. 즉, 곧 블랙홀로 떨어져 버릴 것이다. 지구에서 돌이 땅에 떨어지듯이 시계도 블랙홀에 떨어진 것이라는 사실에 유의하라. '빨려 들어간' 것은 아니다.

시계의 관점에서는 이렇게 간단하지만, 우주선 안에서 당신이 볼 때는 매우 다르다. 처음에 당신은 시계의 관점에서 볼 때와 마찬가지로 시계가 블랙홀을 향해 빠르게 떨어지고 있는 것을 볼 것이다. 하지만 블랙홀로 가까이 다가갈수록 시계의 속도는 시간의 느려짐에 의해 상쇄된다. 시간은 블랙홀의 '사건의 지평선(event horizon)'에 가까이 다가갈수록 점점 더 느려질 것이다. 사실, 만약 시계를 계속 볼 수 있다면 시계가 사건의 지평선에 다다르는 순간 시간이 멈추는 것을 보게 될 것이다. 즉, 시계는 그 지점에서 떨어지기를 멈춘 것으로 보일 것이다.

하지만 중력에 의한 빛의 적색이동 때문에 실제로 시계가 사건의 지평선에서 멈춰 있는 모습을 보지는 못할 것이다. 시계의 숫자들을 푸른색에서 붉은색으로 변화시킨 것과 동일한 효과가 계속되면서 시계의 주파수가 점점 더 느려질 것이다. 가시광선의 주파수보다 주파수가 더 낮아진 빛은 적외선이 되고 그보다 더 낮아지면 전파(radio wave)가 된다. 그러므로 잠시 동안은 적외선 카메라로 시계를 볼 수 있을 것이고, 그다음에는 전파 망원경으로 볼 수 있을 것이다. 하지만 시계가 사건의 지평선에 다다르기 전에 시계의 빛은 주파수가 너무 낮아서 그것을 볼 수 있는 망원경은 없을 것이다. 시계는 시야에서 사라질 것이다. 시계의 시간이 멈추기 직전이라는 사실은 알지만 말이다.

▌ 블랙홀로 뛰어들기

우주선 안에서는 당신과 다른 선원들이 방금 본 현상에 대해 토론이 한창이다. 그러다가 한 선원이 호기심을 참지 못하고 비이성적인 판단을 해 버린다. 그는 대화를 그만두고 허둥지둥 우주복을 입고 우주선 안에 있던 시계를 붙잡고 블랙홀로 곧장 점프한다. 시계를 손에 쥔 채 그는 떨어진다(곧 설명하겠지만 그는 블랙홀에 다다르기 훨씬 전에 죽을 것이다. 하지만 지금은 그 점은 무시하고 그가 떨어지면서 관찰을 할 수 있다고 상상하자).

그는 떨어지면서 시계를 지켜보지만, 시계와 함께 떨어지고 있기 때문에 시간은 정상적으로 흐르고 시계의 숫자들도 푸른색을 유지한다. 우주선에 있는 당신은 그가 손에 쥔 시계가 느리게 가고 시계의 숫자가 붉은색으로 변하는 것을 볼 테지만, 그는 이상한 점을 전혀 느끼지 못할 것이다. 그가 우주선을 쳐다볼 때만 이상한 점을 알아챌 것이다. 예를 들어, 그가 우주복의 로켓을 강하게 분사시켜 잠시 낙하를 멈추고 우주선을 바라볼 수 있다면,[4] 그는 당신의 시간이 빠르게 흐르고 있으며 당신의 빛은 푸른색으로 이동하고 있음을 볼 것이다. 즉, 당신이 그를 보는 것과 반대의 현상을 목격할 것이다. 그가 입은 우주복의 로켓 연료가 다 떨어지면, 블랙홀의 엄청난 중력에 그는 빠르게 떨어질 것이다. 사실, 중력은 질량이 큰 물체에 가까이 다가갈수록 더 커지므로 동료가 떨어지는 속도는 블랙홀에 가까이 가면 갈수록 더 빨라질 것이다. 즉, 그의 낙하 속도는 엄청나면서도 점점 증가할 것이다. 순식간에 그는 사건의 지평선을 넘고 블랙홀로 떨어진 최초의 인간이 될 것이다.

그가 블랙홀 안에서 무엇을 볼지 궁금해할지도 모르지만, 그가 돌아와 알려줄 것을 기대하지 마라. 기억하라. 우주선 안에서 당신이 볼 때 그는 절대 사건의 지평선을 넘지 못할 것이다. 중력에 의한 빛의 적색이동 때문에 그가 당신의 시야에서 사라진 직후 그의 시간은

---

4) 나는 당신의 동료가 잠시 낙하를 멈추고 우주선을 올려다보게 하여 상황의 대칭성을 보여 주었다. 즉, 당신은 그의 시간이 느리게 흐르고 그의 빛이 붉은색으로 변하는 것을 목격하고, 그는 당신의 시간이 빠르게 흐르고 당신의 빛이 푸른색으로 변하는 것을 목격하는 것이다. 그 순간을 제외한 모든 시간에서 그는 사실 당신으로부터 빠른 속력으로 멀어지고 있기 때문에 당신이 붉은색으로 변하고 있는 것을 볼 것이다.

멈출 것이기 때문이다. 그러면 좋은 소식과 나쁜 소식이 생긴다.

좋은 소식은 지구에 돌아와 사라진 동료에 대한 재판이 열렸을 때 재판관들에게 당신의 동료가 아직 블랙홀 밖에 있음을 증명하는 비디오를 틀어줄 수 있다는 것이다. 재판관들은 그가 아직 블랙홀에 다다르지 못한 상황에서 당신을 유죄로 판결하지 못할 것이다. 나쁜 소식은 비디오상으로 아직 블랙홀 밖에 있는 것으로 보이지만 사실은 그가 죽었다는 것이다. 그는 블랙홀에 너무 가까이 다가갈 때 일어나는 필연적인 부작용으로 매우 섬뜩한 (하지만 빠른) 죽음을 맞았을 것이다. 이 부작용은 지구에서 밀물과 썰물이 생기는 이유와 똑같은 이유로 발생한다.

지구에서 밀물과 썰물이 일어나는 이유는 주로 달의 중력 때문이고, 또 지구의 지름이 약 1만 3,000킬로미터라는 사실 때문이다. 지구의 지름이 약 1만 3,000킬로미터라는 것은 달을 향하고 있는 면이 반대쪽 면보다 1만 3,000킬로미터 더 달에 가깝다는 의미다. 중력의 힘은 거리에 따라 달라지기 때문에 달은 달에 가까운 면을 더 강하게 끌어당긴다.

달의 중력이 당기는 힘이 지구의 각 부분에 다르게 작용하기 때문에 달을 향한 시선(line of sight) 방향으로는 지구가 약간 늘어나고, 이 시선과 직각을 이루는 선은 약간 줄어들게 된다. 고무 밴드의 양 끝을 잡고(달이 지구의 모든 부분을 한 방향으로 당기듯이) 잡아당기되(달의 중력이 달을 향한 면을 더 세게 당기듯이) 한 끝을 다른 끝보다 더 세게 당겨도 비슷한 현상을 볼 수 있다. 고무 밴드는 양 끝을 한 방향으로 당겨도 옆으로 길이가 늘어나고 폭은 좁아질 것이다.

달의 중력이 지구를 잡아 늘이는 힘은 지구 전체, 즉 땅과 물, 지구의 안쪽과 바깥쪽 모두에 영향을 미친다. 하지만, 바위는 물보다 더 단단하기 때문에 달이 끌어당겨도 땅은 물보다 훨씬 적은 양으로 오르내린다. 그래서 바다에서만 물이 높아지고 낮아지는 것을 알아챌 수 있다. 달의 중력에 의해 지구가 늘어나는 것은 또한 하루에 보통 밀물이 두 번(그리고 썰물이 두 번) 생기는 이유도 설명해 준다. 지구가 고무 밴드처럼 늘어나기 때문에 달을 향하고 있는 면과 그 반대쪽 면에 있는 바다는 밖으로 불룩하게 튀어나오게 된다. 지구가 자전을 하므로 우리는 하루에 이렇게 두 번의 불룩해짐, 즉 밀물을 경험하고, 두 번의 불룩해짐의 중간 지점에서 썰물을 경험한다.

좀 더 일반적으로 말해, 조석력(밀물과 썰물을 일으키는 힘)은 단순히 중력이 물체의 한 면과 그 반대쪽 면을 당기는 힘의 차이이다. 그러므로 조석력의 크기는 두 가지 요소에 의해 달라진다. (1) 물체의 지름, (2) 물체에 가해지는 중력의 크기다. 첫 번째 요소는 달의 조석력이 왜 지구에는 눈에 띄는 영향을 미치지만 우리 몸에는 아무런 영향을 못 미치는지 설명해 준다. 우리의 머리에서 발끝까지의 길이는 달의 비교적 약한 중력이 상당한 조석력을 미치기에는 너무 짧기 때문이다. 하지만 블랙홀에 충분히 가까이 갔을 때 블랙홀의 엄청난 중력은 달의 조석력보다 수조 배나 더 큰 조석력을 만든다. 이 엄청난 조석력은 당신 동료의 머리에서 발끝까지, 혹은 옆으로 떨어지고 있을 경우 허리둘레의 비교적 짧은 길이에 대해서조차 매우 강한 힘을 행사해, 그를 잡아 늘려서 그의 몸은 찢어지고 말 것이다. 슬프게도 그의 피와 내장만이 블랙홀 속을 경험할 수 있을 것이다.

당신은 이러한 참혹한 죽음을 피하고 블랙홀 안에 무엇이 있는지를 알아낼 방법이 없는지 궁금해할지도 모른다. 우리가 방금 여행한 블랙홀처럼 항성 혼자 있다가 죽은 잔해의 블랙홀일 경우, 그 답은 아마 '없다'일 것이다. 이 블랙홀의 조석력을 상쇄할 실제적인 방법이 없기 때문이다. 하지만 이론상으로 볼 때 초질량 블랙홀의 사건의 지평선은 살아서 넘을 수 있다. 다른 블랙홀에서 사건의 지평선으로부터 달아나지 못했던 것처럼 초질량 블랙홀에서도 사건의 지평선으로부터 달아날 방법은 없지만, 초질량 블랙홀의 큰 크기는 조석력을 훨씬 더 약하게 만들 것이다. 그러므로 약간이나마 더 오래 살아서 블랙홀 속을 볼 수 있을 것이다.

블랙홀로 빠지면 무엇을 볼 수 있을지 생각해 보는 것은 흥미롭다. 하지만 기억하라. 지구에 있는 사람들을 포함해서 블랙홀 바깥에 있는 사람들의 입장에서 볼 때, 당신은 '영원히' 블랙홀에 빠지지 않을 것이다. 당신은 절대 블랙홀에 닿지 못할 것이므로, 당신이 블랙홀로 들어갔다 나와서 보고할 날을 기다리는 것은 소용없는 일이다. 당신의 입장에서도 한 번 보자. 당신은 매우 빠른 속도로 블랙홀로 떨어질 것이다. 이론상으로, 당신이 사건의 지평선으로 다가갈 때 지구에서는 많은 시간이 흐를 것이다. 그러므로 당신은 사건의 지평선을 넘기 전에 뒤를 돌아봄으로써 지구에서 미래의 역사가 흐르는 모습을 볼 수 있을 것이라고 추측할지도 모른다. 하지만 불행하게도 그렇지 않다. 지구에서 오는 빛은 당신이 떨어지는 속도와 블랙홀의 중력 때문에 왜곡될 것이기 때문이다.

빛이 왜곡되지 않는다고 해도 미래의 주식시장을 보고 나서 지구로 돌아와 투자하는 일은 불가능할 것이다. 우리가 아는 한 블랙홀을 빠져나올 방법은 없다. 사건의 지평선을 빠져나오는 데 필요한 탈출속도는 빛의 속도여야 하는데, 아인슈타인의 이론에 따르면 빛의 속도에 이를 수 있는 물체는 없고 사건의 지평선 안에서 빠져나올 수 있는 것은 아무것도 없기 때문이다.

짐작하건대, 블랙홀의 중심인 특이점을 향해 계속 떨어지다가 그지점에 이르기 얼마 전에 중력이 당신을 잡아 늘리는 힘 때문에 최후를 맞을 것이다.

▌과학과 공상 과학

"잠깐만" 하고 당신은 말한다. "공상 과학 소설가와 일부 과학자는 블랙홀 여행에서 살아남을 방법이 있을지도 모른다고, 심지어 블랙홀을 '웜홀(wormhole)'로 이용해서 우주의 두 먼 지점 사이를 여행할 수 있을지도 모른다고 제시하고 있어요." 그것은 멋진 아이디어다. 하지만 여기서 주목해야 할 어구는 '있을지도 모른다'이다. 지금껏 알려진 물리학 법칙 중 그러한 아이디어를 금지하는 내용은 없는 듯 보이나[5] 그것이 옳다고 말하는 내용도 없다.

이것으로 우리는 과학의 중요한 본성 한 가지를 알 수 있다. 과학은 '증거'다. 블랙홀 여행에서 경험하는 시간의 이상한 변화를 우리가 묘사할 수 있는 이유는 아인슈타인이라는 똑똑한 사람이 그것을 생각해냈기 때문이 아니다. 과학자들이 아인슈타인의 예측을 여러 조건에서 주의 깊게 실험했기 때문이다. 블랙홀의 사건의 지평선과 같은 극단적인 조건을 실험할 기술은 현재 없지만, 지금까지 실시한 모든 실험이 아인슈타인이 옳았음을 시사하고 있다. 이러한 실험들이 없다면, 아인슈타인의 아이디어들은 추측에 불과한 것이다.

본질적으로 볼 때, 증거는 과학과 공상 과학의 차이다. 공상 과학은 알려진 물리학 법칙들을 위반하지 않는 한(그리고 때로는 위반하는) 모든 것을 자유로이 상상할 수 있어서 거의 아무런 제한이 없다. 이와 대조적으로 과학은 우리가 현재 실험할 수 있는 비교적 좁은 범위의 아이디어들이나 미래에 실험 가능한 아이디어들을 탐구하는 것으로 제한된다.

과학과 공상 과학의 이 기본적인 차이는 대개 분명하지만, 현재 지식의 한계 부근에서는 종종 혼란을 일으킨다. 예를 들어, 블랙홀의 내부에 대한 아이디어의 경우를 보자. 물리학자들은 알려진 자연 법칙을 이용하여 사건의 지평선을 넘었을 때의 상황을 예측할 수 있

---

5) 사실, 회전하는 블랙홀의 경우 왕복은 안 되나 '다른 우주'로 갈 수 있는 웜홀을 정확히 가리키는 수학적 해답이 있긴 하다. 하지만 이 해답은 또한 이러한 웜홀이 불안정하여 물리적 여행에 이용할 수 없다는 사실도 말하고 있다.

다. 실제로, 나도 방금 당신이 사건의 지평선을 넘어 특이점을 향해 계속 떨어지다가 조석력에 의해 죽는다고 가정했다. 이들 예측은 이론적인 테스트에 근거한 것이므로 이들 예측이 틀림없다고 가정하고 싶은 유혹이 생기기도 한다. 하지만 블랙홀 안에서 어떤 일이 일어날지에 대한 우리의 예측을 실험할 방법을 아직 모르기 때문에 가장 견고해 보이는 예측이라도 추측일 뿐이다. 하물며 빛보다 빠른 여행에 대한 아이디어들, 즉 4차원 이상의 공간인 초공간, 웜홀, 워프 항법 등은 추측의 정도가 사건의 지평선을 넘는 것보다 훨씬 더 심하다. 언젠가 이들 아이디어 중 일부를 타당하다고 증명하는 것은 가능하겠지만, 우리가 실험할 수 있을 때까지 이들은 과학이라기보다 공상 과학에 속한다.

이 책에서 우리는 증거에 근거한 아인슈타인의 아이디어들에 초점을 맞출 것이다. 공상 과학과는 거리를 둘 것이고, 그것보다 더 분명하다 할 수 있는 수학적 계산에 의한 추측과도 거리를 둘 것이다. 단, 대중적으로 널리 알려져서 당신이 들어봤을 만한 아이디어들은 짧게 언급하고 가겠다. 증거를 고수하는 이 접근 방식은 대부분의 인기 과학 서적과 이 책이 약간 다른 점이다.

시장의 요구 때문에 대개 작가들은 과학과 공상 과학 사이의 모호한 경계에 초점을 맞추게 된다. 증거에 근거한 접근방식은 이 책의 내용은 모두 과학으로 인정받은 내용이라는 것을 알려줄 것이다. 사실, 우리가 이야기할 내용의 많은 부분은 1905년 아인슈타인이 상대성 이론의 첫 논문을 발표하고 나서 100년이 넘게 과학자들에게 알려진 것들이다. 하지만 오래되었다고 언제나 지루한 것은 아니다. 또, 이전에 아인슈타인의 아이디어들에 대해 공부한 적이 없다면 이 책의 내용은 놀라울 뿐만 아니라 중요하기도 함을 알게 될 것이다. 아인슈타인의 아이디어는 우주를 보는 시각을 바꿔줄 것이기 때문이다.

WHAT IS

【Ⅱ】

아인슈타인의 특수 상대성 이론

RELATIVITY?

2.

달리는 빛

우리는 보통 상대성 이론이라고 말하지만, 아인슈타인은 사실 상대성 이론을 두 부분으로 나누어 발표했다. 첫 번째는 특수 상대성 이론으로, 1905년에 발표했다. 이 이론은 당신이 블랙홀로 여행하는 동안 지구에 있는 사람들보다 시간이 천천히 흘러서 나이가 적게 드는 현상을 설명한다. 또한 빛보다 더 빨리 이동하는 것은 없다고 말하는 이론으로, 여기서 아인슈타인은 자신의 유명한 공식인 $E = mc^2$을 발견해냈다. 이렇게 생각할지도 모른다. "음, 그것 꽤나 특별하긴 한데, 이론의 이름에 굳이 '특수'라는 단어를 붙인 것은 이상하지 않나?" 그렇다. 이상하다. '특수'라는 단어가 붙은 진짜 이유는 이 이론과 10년 후 그가 발표한 일반 상대성 이론을 구분하기 위해서다.

특수 상대성 이론은 그 이름이 암시하듯이 본질적으로 일반 상대성 이론의 일부다. 특히 특수 상대성 이론은 중력의 영향을 무시한 특수한 경우에 적용되고, 일반 상대성 이론은 중력을 포함한다. 그래서 블랙홀에서 관찰한 강한 중력을 설명해 주는 것은 일반 상대성 이론이다. 또한 일반 상대성 이론을 통해 우리는 우주의 팽창을 포함하여 우주의 전체 구조를 이해한다.

아인슈타인이 일반 상대성 이론보다 특수 상대성 이론을 먼저 발표한 것과 똑같은 이유로, 특수 상대성 이론부터 배우는 것이 더 쉽다. 따라서 우리는 이 순서대로 진행할 것이다. 먼저 특수 상대성 이론의 주장 중 가장 중요한 축에 드는 것부터 시작해 보자.

| 그것은 법이다

아마 다음과 같은 글이 적힌 티셔츠나 포스터를 본 적이 있을 것이다. "초당 30만 킬로미터. 이것은 멋진 아이디어일 뿐만 아니라 법이다!" 이런 티셔츠나 포스터는 물리학 지망생들 사이에서는 아주 인기지만, 이 말은 아인슈타인의 특수 상대성 이론에서 단연 가장 인기 없는 주장이다. 이 아이디어가 인기 없는 이유는 쉽게 알 수 있다. 사람들은 할 수 없다는 이야기를 좋아하지 않기 때문이다. 그렇지만 빛보다 빠른 이동을 금지한 건 너무나 확고한 증거를 바탕으로 하고 있기 때문에 공상 과학 소설가들조차 대개 이 법칙을 위반하지 않는다. <스타트렉>이나 <스타워즈>에 나오는 우주선들도 사실 절대 빛보다 빠른 속도로 우주를 여행하지 않는다. 대신 (<스타트렉>처럼) 우주 공간을 구부려서 멀리 떨어진 두 지점을 가깝게 만들거나, (<스타워즈>처럼) 잠시 우주를 아예 떠나 초공간으로 들어간 후 다시 다른 곳으로 나온다. 이러한 '허점들'이 언젠가 실제 존재하는 것으로 증명된다고 해도 이들은 우주선을 타고 빛보다 빠른 속도로 날 수 없다는 기본적인 사실은 바꾸지 못할 것이다.

왜 안 될까? 대부분의 사람은 이 법칙을 들어 봤지만, 대부분은 빛보다 빨리 이동할 수 있는 방법이 있을 것이라고 생각한다. 따지고 보면, 역사를 통해 사람들이 과거에는 불가능하다고 여겨졌던 일을 해 낸 경우는 많다. 유명한 예로는 20세기 저명한 과학자들이 음속 장벽은 절대 깰 수 없다고 주장했지만 깼고, 사람이 달에 갈 수 없다고 주장했지만 간 것 등이 있다. 하지만 상대성 이론이 옳다면(상대성 이론이 옳다는 증거는 매우 강력하다) 빛의 속도는 그것과 다르다. 빛의 속도는 음속처럼 깰 수 있는 장벽도 달에 가는 것 같은 도전도 아니다. 우리는 언제나 소리보다 빠르게 이동하는 것들이 있음을 알고 있었다. 우리는 언제나 달에 다다를 수 있는 물체들이 있다는 사실을 알고 있었다. 문제는 '우리가' 그것을 할 수 있느냐 였다.

빛보다 빠른 이동은 불가능하다는 주장은 받아들이기 힘들 것이기 때문에 나는 우선 우리가 이 장에서 내릴 결론부터 말하겠다. 상대성 이론에서는 모든 사람이 측정하는 빛의 속도는 언제나 같다고 말하고 있다. 빛의 속도에 대한 이 만장일치는 다음과 같은 필연적인 사실로 이어진다. 당신은 당신 자신의 빛을 추월하지 못한다. 그리고 당신이 자신의 빛을 추월하지 못한다면, 당신을 보는 다른 사람들은 언제나 당신이 내는 혹은 반사하는 빛보다 당신이 더 느리게 움직이는 것을 볼 것이다. 어떤 의미에서 상대성 이론이 진정으로 말하고 있는 것은 빛의 속도는 자연의 근본적인 속성으로, 그것은 북극이라는 존재가 자전하는 지구의 근본적인 속성인 것과 마찬가지 이치라는 것이다. 어떻게 빛보다 더 빨리 갈 수 있느냐고 묻는 것은 어떻게 북극(여기서는 모든 방향이 남쪽을 향한다)에서 더 북쪽으로 갈 수 있느냐고 묻는 것과 흡사하다는 것이다. 그것은 이치에 맞지 않는 질문이다. 적어도 북극의 의미를, 혹은 빛의 속도라는 의미를 이해한다면 말이다.

이야기를 계속 진행하기 전에 알아 두어야 할 두 가지 중요한 주의사항이 있다. 첫째, 우리가 상대성 이론에서 빛의 속도를 이야기할 때는 빛이 빈 공간을 이동할 때의 속도를 의미한다. 이 속도, 즉 초당 30만 킬로미터는 사실 빛의 최대 속도다. 빛은 물, 공기, 유리 등의 물질을 통과할 때는 속도가 느려진다. 최근에 과학자들은 실험실에서 빛의 속도를 보행자의 속도만큼 늦출 수 있는 방법을 찾아냈다. 명백히, 정상과 달리 느리게 움직이는 빛을 추월하는 것은 가능하다. 당신이 추월할 수 없는 것은 공간 속을 자유롭게 이동하는 빛이다.

두 번째 주의사항은 '빛보다 더 빨리 갈 수 있는 것은 없다'라는 흔한 진술은 상대성 이론이 진정으로 말하고 있는 바가 아니다. 이것은 '빛을 추월할 수 있는 것은 없다'라고 해야 더 적절하다.[1] 구체적인 예를 들어 보면, 현대의 천문학은 지구에서 수천억 광년 떨어진

---

1) 수학적으로, 상대성 이론은 빛보다 언제나 빠른 타키온(tachyon)이라고 불리는 소립자를 허용하고 있다. 우리가 절대 빛보다 빨리 갈 수 없는 것처럼 타키온은 절대 빛보다 느리게 갈 수 없다. 대부분의 물리학자는 타키온이 실제 존재하지 않는다고 생각하지만, 실제로 존재한다고 해도 '빛보다 느린 속도로 시작한' 물체가 빛을 추월할 수는 없다는 사실은 바뀌지 않는다.

은하계들(우리가 이론상으로 볼 수 있는 우주, 즉 관측 가능한 우주의 경계를 넘어서는 은하계)이 있다고 시사하고 있다. 이들 은하계는 팽창하는 우주와 함께 빛보다 훨씬 더 빠른 속도로 우리에게서 멀어지고 있다. 하지만 이것은 특수 상대성 이론을 위반하지 않는다. 왜냐하면 이들 은하계가 우리로부터 멀어지는 현상에서 누군가(혹은 어떤 것이) 빛을 추월하는 일은 없기 때문이다. 우리가 이들 은하계 중 하나에 가려고 노력한다고 해도, 우리의 빛은 그 은하계를 따라가지 못하므로, 우리는 절대 거기에 닿을 수 없을 것이다.

다음과 같이 생각해도 된다. 빛보다 빠른 이동의 불가능성은 한 곳에서 다른 곳으로 물질이나 정보를 이동하는 능력에만 적용된다. 혹은 빛보다 빠른 속도로 공간 속을 이동할 수 있는 것은 없다. 상대성 이론에 관한 대부분의 책은 위와 같이 설명하고 있기에, 나는 '빛을 추월할 수 있는 것은 없다'라고 기억하는 편이 더 쉽다고 생각한다.

▌상대성 이론에서 상대적인 것은 무엇인가?

상대성 이론을 이해하는 첫걸음은 정확히 무엇이 상대적인지를 명백히 하는 것이다. 사람들이 흔히 생각하는 것과는 대조적으로, 아인슈타인의 상대성 이론은 '모든 것은 상대적이다'라고 말하지 않는다. 특수 상대성 이론은 '운동'은 언제나 상대적이라는 아이디어에서 그이름을 따왔다.

운동이 상대적이라는 아이디어는 처음에는 언뜻 이해가 가지 않을지 모른다. 예를 들어 고속도로를 달리는 자동차를 보거나 하늘을 나는 비행기를 본다면, 움직이는 것은 자동차나 비행기이고, 당신은 땅 위에 정지해 있다는 사실이 분명해 보인다. 하지만 사실 문제는 보기보다 간단하지 않다. 왜 그런지 알아보기 위해 다음을 상상해 보자. 초음속 비행기가 케냐의 나이로비에서 출발해 시속 1,670킬로미터의 속도로 에콰도르의 키토까지 날아간다고 치자. 이제 다음 질문에 대답해 보라. 비행기는 얼마나 빨리 가고 있는가?

처음에 이 질문은 시시해 보인다. 이미 비행기가 시속 1,670킬로미터로 간다고 말했기 때문이다. 하지만 잠깐 기다려 보라. 나이로비와 키토는 모두 거의 적도상에 있고, 적도에서 지구의 자전 속도는 시속 1,670킬로미터지만, 비행기가 날아가는 방향과 반대 방향으로 움직인다(그림 2.1). 따라서 당신이 달에서 비행기를 본다면, 비행기는 제자리에 있고 그 아래 지구가 돈 것으로 보인다. 비행이 시작되었을 때, 당신은 비행기가 나이로비에서 이륙하는 것을 볼 것이다. 지구의 자전이 비행기를 나이로비에서 멀어지게 해 키토로 가게 하는 동안, 비행기는 제자리에 정지해 있는다. 키토가 비행기의 위치에 다다르면 비행기는 다시 땅으로 내려갈 것이다.

그렇다면 비행기는 정말 어떻게 하고 있는가? 시속 1,670킬로미터로 날고 있는가, 아니면 가만히 있는데(속도 0) 그 밑의 지구가 움직이는가? 상대성 이론에 따르면, 이 질문에 절대적인 답은 없다. 운동은 오직 어떤 기준에서 상대적으로만 묘사할 수 있다. 다시 말해,

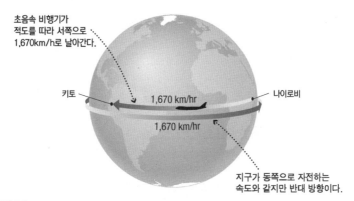

초음속 비행기가
적도를 따라 서쪽으로
1,670km/h로 날아간다.

키토   1,670 km/hr   나이로비

1,670 km/hr

지구가 동쪽으로 자전하는
속도와 같지만 반대 방향이다.

그림 2.1
초음속 비행기가 나이로비에서 서쪽으로 날아 키토까지 시속 1,670킬로미터로 날아간다고 상상하라. 공교롭게도 이 속도는 적도에서의 지구 자전 속도와 정확히 일치한다. 하지만 지구는 비행기와 반대 방향으로 움직인다. 그렇다면 비행기는 실제로 얼마나 빨리 움직이는가?

당신은 "비행기는 지구의 표면에 대해 시속 1,670킬로미터로 움직이고 있다"고 말할 수 있다. 또한 "달에서 볼 때, 비행기는 정지해 있는 것으로 보이고 그 밑의 지구가 회전한다"고 말할 수 있다. 두 관점 모두 똑같이 타당하다.

사실, 이와 동등하게 타당한 관점은 많다. 다른 항성에서 태양계를 보고 있는 관찰자라면, 비행기는 시속 10만 킬로미터 이상으로 움직이고 있을 것이다. 지구가 태양 주위를 공전하는 속도이기 때문이다. 다른 은하계에 사는 관찰자라면, 비행기는 우리 은하가 움직이는 속도인 시속 약 80만 킬로미터로 움직이고 있다고 할 것이다. 상대성 이론에서 비행기의 운동은 관찰자의 기준틀(frame of reference (= reference frame))에 따라 다르게 묘사된다. 비행기의 운동을 보는 여러 관점(지구 표면, 달, 다른 항성, 다른 은하계)은 서로 다른 기준틀을 나타낸다. 좀 더 일반적으로 말해, 두 물체(또는 사람)가 모두 정지해 있을 때 같은 기준틀을 갖게 된다.

┃ 상대성 이론에서 절대적인 것들

'상대성 이론'이라는 이름은 운동의 상대성이 이 이론의 근본이라는 의미에서 좋은 이름이다. 하지만 다른 의미에서 볼 때는 부적절한 명칭이기도 한데, 이 이론의 기초가 우주에서 두 가지는 절대적이라는 아이디어에 토대를 두고 있기 때문이다.

1. 자연의 법칙은 누구에게나 똑같다.
2. 빛의 속도는 누구에게나 똑같다.

아인슈타인의 특수 상대성 원리에 나오는 모든 놀라운 아이디어(블랙홀 여행 동안 당신이 경험하는 시간과 공간이 지구의 사람들이 경험하는 시간과 공간과 다른 것 등)는 이 두 평범해 보이는 절대적 아이디어를 따르고 있다. 그러므로 여기서 이 두 절대적 아이디어가 진정 무엇을 의미하는지를 잠시 살펴보자.

첫 번째 절대 아이디어인 '자연의 법칙은 누구에게나 똑같다'라는 것은 아마 놀랍지 않을 것이다. 실제로 이 아이디어는 아인슈타인보다 수백 년 전인 갈릴레오 때부터 있어 왔다. 예를 들어, 이 아이디어는 당신이 비행기를 타고 순조로이 날 때 왜 움직이고 있다고 느끼지 않는지를 설명해 준다. 이 경우, 당신의 비행기 기준틀과 땅의 기준틀 사이의 유일한 차이점은 당신이 움직이고 있다는 사실뿐이다. 이 움직임이 일정한 속력으로 진행되는 한, 그래서 땅에서 느끼는 힘과 다른 힘은 느끼지 않는 한, 비행기 안에서 행한 실험은 땅의 실험실에서 행한 실험과 똑같은 결과를 낼 것이다. 당신이 똑같은 실험 결과를 얻는다는 사실은 당신이 자연의 법칙들에 대해 정확히 같은 결론에 이를 것이라는 뜻이다.

두 번째 절대 아이디어인 '빛의 속도는 누구에게나 똑같다'라는 것은 첫 번째보다 훨씬 놀랍다. 일반적으로, 우리는 다른 기준틀에 있는 사람들은 움직이는 물체의 속도에 대해 다른 답을 낼 것이라고 예상한다. 예를 들어, 당신은 땅에 대해 시속 800킬로미터의 속도로 날고 있는 비행기 안에 있다고 치자. 당신이 비행기 앞쪽을 향해 공을 굴린다면, 당신은 공이 천천히 움직인다고 말할 것이다. 하지만 땅 위에 있는 사람들은 공이 매우 빨리 지나갔다고 말할 것이다. 그들은 굴린 공의 속도에 비행기의 시속 800킬로미터를 합한 속도로 공이 움직이고 있는 것을 볼 것이기 때문이다.

이제 공을 굴리는 대신 손전등을 켠다고 가정해 보자. 공을 굴릴 때와 같은 논리로 볼 때, 땅 위의 사람들은 손전등 빛이 비행기 안에서보다 시속 800킬로미터 더 빠르게 나아간다고 말하리라 예상할 수 있다. 하지만 그렇지 않다. 상대성의 두 번째 절대 아이디어에 따라 모든 사람이 측정하는 빛의 속도는 언제나 동일하기 때문이다.

그러므로 당신이 얼마나 정확하게 측정하던지 당신이나 땅의 사람이나 모두 빛은 정확히 같은 속도로 움직이고 있다고 말할 것이다. 이 속도는 물론, 빛의 속도인 초속 30만 킬로미터다.

빛의 속도의 절대성은 너무나 놀랍기 때문에 우리는 잠시 이것이 왜 중요한지를 이야기해야 한다. 앞에서 이야기했듯이 특수 상대성 이론의 모든 놀라운 결과는 이 두 절대 아이디어를 따르고 있다. 첫 번째가 놀랍지 않고 오랫동안 그렇게 생각되어 온 아이디어임을 고려할 때, 상대성 이론의 모든 결과는 본질적으로 모든 사람이 측정하는 빛의 속도는 언제나 동일하다는 하나의 놀라운 아이디어에서 나온다. 다시 말해, 이 아이디어가 옳다면 특수 상대성 이론은 전부 이치에 맞을 것이고, 옳지 않다면 이론 전부가 무너질 것이다.

그렇다면 우리는 무엇 때문에 아인슈타인이 옳다고 굳게 확신할까? 기억하라. 과학에서는 관찰과 실험으로써 진실인지 아닌지를 결정한다. 그리고 '빛의 속도의 절대성은 실험으로 검증된 사실이다.' 이 사실을 처음으로 분명하게 보여 준 실험은 1887년 마이컬슨(A. A. Michelson)과 몰리(E. W. Morley)가 실시했다. 이제는 유명해진 마이컬슨-몰리 실험에서 이들은 빛의 속도가 지구 공전의 영향을 받지 않는다는 사실을 발견했다. 오늘날 우리는 다른 많은 방법으로 빛의 속도의 절대성을 측정할 수 있다. 간단하지만 흔한 예를 하나 들자면, 하늘의 모든 항성과 모든 은하계는 지구 기준에서 볼 때 서로 다른 속도로 움직이고 있다. 일부 먼 은하계는 빛의 속도와 가까운 속도로 지구에서 멀어지고 있다. 하지만 이들 물체 모두에서 오는 빛의 속도를 측정한다면 그것은 지구에서 불을 켤 때 빛의 속도와 같은 초속 30만 킬로미터일 것이다. 예외가 없다. 실험은 광원에 대해 당신이 어떤 식으로 이동하든 (빈 공간을 통과하는) 빛의 속도는 언제나 똑같음을 보여 준다.

▌ 사고 실험: 느린 속도일 경우

아인슈타인이 했던 것과 흡사하게 우리는 이제 일련의 '사고 실험 (thought experiment)'을 해 봄으로써 특수 상대성 이론을 정립할 수 있게 되었는데, 실제 실험을 하는 것은 아니지만 이론상 머리로 실시할 수 있다. 사고 실험을 해 보는 것은 상대성 이론의 결과를 이해하고 예측하는 데 중요하지만, 그 자체로 증거가 되지는 못한다. 과학자들이 실제 실험(이에 대해서는 뒤에서 이야기한다)을 통해 우리가 이끌어 낼 결론을 이미 다 증명했기 때문에 우리는 이 사고 실험을 타당하다고 여긴다.

아인슈타인 자신은 종종 움직이는 기차를 생각하며 사고 실험을 했다. 하지만 상대 운동은 우주에서 생각하면 더 쉽고 특수 상대성 이론은 중력의 역할을 무시하고 있으므로, 우리는 우리의 사고 실험을 우주선을 가지고 하겠다. 우주선들이 엔진을 끄고 있다고 가정할 것이다. 그래서 우주선 안의 모든 것은 무중력 상태로 자유로이 둥둥 떠 있다. 그래서 이들 우주선의 기준틀을 '자유로이 떠 있는 기준틀(때로 '관성' 기준틀이라고 부르기도 한다)'이라고 한다. 혹시 우주선이 엔진을 끄고 있으면 왜 무중력이 되는가가 궁금하다면, 이렇게 생각하면 쉽다. 위아래 개념은 행성(또는 다른 물체)의 표면을 기준으로 묘사할 때에만 의미를 갖는다. 우주 한가운데 있을 때는 위 또는 아래라고 할 기준이 없다. 그래서 엔진을 끄고 있는 한 당신은 어느 특정 방향으로 움직일 이유가 없다. 즉, 무중력으로 떠 있게 될 것이다.

사고 실험을 어떻게 하는지 당신이 잘 이해하도록 하기 위해 우선 우주선들과 다른 물체들이 서로에 대해 느린 속도로 움직이고 있을 때의 상황부터 시작해 보자. 당신은 우주에 있고 우주선 안에서 자유로이 둥둥 떠 있다고 상상해 보라. 당신은 어떤 종류의 힘도 느끼지 않으므로 정지 상태에 있다. 이제 당신은 창밖을 바라본다. 당신의 친구 알이 자신의 우주선 안에서 둥둥 떠 있다. 알의 우주선은 시속 90킬로미터의 속도로 당신의 오른쪽으로 움직이고 있다. 알은 이 상황을 어떻게 설명할까?

당신과 마찬가지로, 알 역시 우주선에서 자유로이 떠 있으며 어떠한 힘도 느끼지 않는다. 그러므로 그는 그 자신이 정지해 있고, 당신이 시속 90킬로미터의 속도로 그의 왼쪽 옆으로 움직이고 있다고 말할 것이다. 이것은 물론 틀린 말이 아니다. 모든 움직임은 상대적이기 때문에 당신의 관점과 알의 관점 모두 동등하게 타당하다.

여기서 한 가지 작은 요소를 추가해 보자. 알이 당신의 옆으로 가고 있는 도중에 당신은 우주복을 입고 우주 미아가 되지 않게 발을 우주선에 묶은 다음 알을 향해 시속 100킬로미터의 속도로 야구공

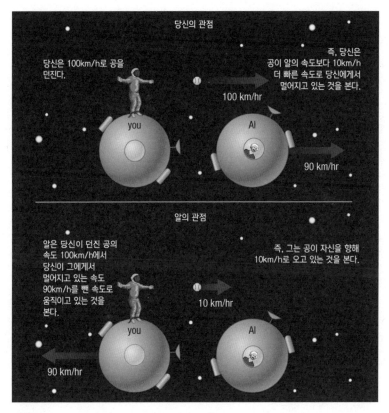

그림 2.2
당신의 기준에 따르면 당신은 정지해 있고, 알이 시속 90킬로미터로 당신의 오른쪽으로 움직이고 있으며, 공은 알을 향해 시속 100킬로미터로 움직이고 있다. 알의 기준에 따르면, 그는 정지 상태에 있는 사람이고, 당신이 시속 90킬로미터로 자신에게서 멀어지고 있으며, 공은 자신을 향해 시속 10킬로미터로 다가오고 있다.

을 던진다. 알은 야구공이 어떻게 움직이고 있다고 말할까? 그는 여전히 자신은 정지해 있으며 당신이 시속 90킬로미터의 속도로 자신으로부터 멀어지고 있다고 여길 것이다. 그러므로 그림 2.2가 보여주는 바와 같이, 그는 야구공이 자신을 향해 시속 10킬로미터의 속도로 날아오고 있다고 볼 것이다.

당신이 알을 향해 시속 90킬로미터로 공을 던진다고 상상하면, 결과는 더욱더 흥미로워진다. 시속 90킬로미터는 당신이 그로부터 멀어지고 있는 속도와 정확히 일치하므로, 공은 이제 그의 기준틀에서 볼 때 정지해 있을 것이다. 생각해 보라. 당신이 공을 던지기 전에 알은 공이 자신으로부터 시속 90킬로미터로 멀어지고 있는 것으로 본다. 공이 당신의 손에 있기 때문이다. 당신이 공을 던진 순간, 알의 기준틀에서 볼 때 공은 자신의 우주선에서 일정한 거리를 유지한 채 갑자기 정지하게 된다. 많은 시간이 흐른 후 당신이 알로부터 아주 멀어졌을 때도 알은 여전히 공이 같은 자리에 떠 있는 것을 볼 것이다. 그가 원한다면 우주복을 입고 밖으로 나가 공을 잡아 올 수도 있고 아니면 그냥 그 자리에 내버려 둘 수도 있다. 그의 관점에서 공은 어디로도 가지 않고 그 자신도 그렇다.

┃ 사고 실험: 빠른 속도일 경우

우리는 아직 빛의 속도의 절대성은 실험하지 않았다. 공의 속도는 빛의 속도에 비하면 너무나 느리다. 예를 들어, 당신이 던진 공의 속도인 시속 100킬로미터는 빛의 속도의 1000만분의 1도 되지 않는다. 당신도 짐작하겠지만, 우주선의 속도를 높이면 상황은 약간 달라진다.

이제 알이 빛의 속도의 90%, 즉 $0.9c$(이전에 말했듯이 c는 빛의 속도를 나타낸다)의 속도로 당신의 오른쪽으로 움직이고 있다고 상상하라. 앞에서처럼 당신과 알은 둘 다 자신이 정지 상태에 있다고 타당하게 주장한다. 그러므로 당신은 알이 0.9c의 속도로 당신의 오른쪽으로 움직이고 있다고 말하고, 알은 자신이 정지 상태에 있으며 당신이 자신의 왼쪽으로 0.9c의 속도로 움직이고 있다고 말할 것이다.

당신은 정지 상태에 있고, 우주선 안에서 자유로이 둥둥 떠 있기 때문에 우주복을 입고 발을 우주선에 묶는 것은 쉽다. 이번에는 야구공 대신 손전등을 들고 나간다. 손전등을 알을 향해 비춘다. 당신과 알은 이 상황을 각각 어떻게 묘사할까?

당신의 관점은 쉽다. 알이 당신의 오른쪽으로 0.9c의 속도로 움직이고 있고, 손전등 빛은 같은 방향으로 빛의 속도 c로 가고 있다. 그러므로 당신은 빛이 알보다 0.1c만큼 더 빠르게 간다고 말할 것이다. 즉, 빛은 차츰 알을 따라잡고 그를 지나칠 것이라는 의미다.

알의 관점에서 보자. 앞에서 공의 경우처럼 상대성 이론을 적용하지 않은 상태로 보면, 우리는 그가 빛이 자신을 향해 0.1c의 속도로, 즉 빛의 속도 c에서 당신의 속도 0.9c를 뺀 속도로 오고 있다고 말할 것이라 예상할 수 있다. 하지만 그는 그렇게 말하지 않을 것이다. 빛의 속도의 절대성 때문에 그가 자신에게 오는 빛의 속도를 측정하면 완전한 c가 된다. 다시 말해, 당신이 그로부터 빛의 속도의 90%의 속도로 멀어지고 있는 것은 그가 자신을 지나치는 빛의 속도를 잰 수치에 아무런 영향을 끼치지 않는다. 그림 2.3이 이번 사고 실험을 요약해 보여 준다.

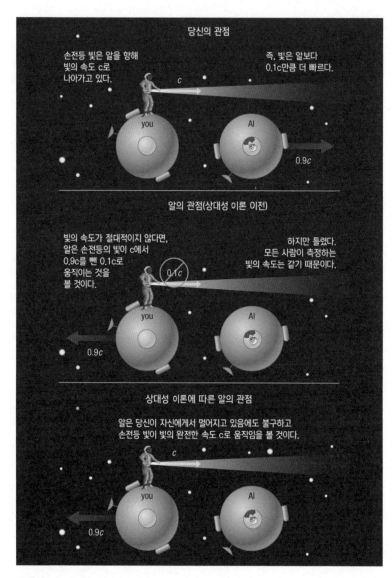

그림 2.3
빠른 속도일 경우의 사고 실험은 모든 사람이 측정하는 빛의 속도는 언제나 같다는 뜻이 무엇인지를
보여 준다.

| 당신은 빛을 추월할 수 없다

알이 0.9c의 속도가 아니라 빛의 속도 혹은 빛보다 더 빠르게 당신의 옆을 지나갈 경우를 머릿속으로 실험해 보면 어떨까? 이 질문은 타당해 보인다. 하지만 기억하라. 알이 당신의 옆을 지난다면 그는 분명 어디선가 와야만 할 것이다. 그러니 그가 시작한 곳으로 돌아가 보자. 아니, 알의 관점에서는 당신이 빠른 속도로 그의 옆을 지나고 있기 때문에 당신의 경우로 생각해 보는 편이 더 쉽게 와 닿을 것이다.

당신이 시작한 곳으로 가 보자. 당신은 지금껏 만들어진 그 어느 로켓보다 훨씬 더 빠른 로켓을 만들어 시험 비행에 나선다. 곧, 당신은 아무도 가능하리라 생각하지 못한 속도로 가고 있다. 당신은 기어를 2단, 3단으로 계속 높인다. 당신은 점점 더 빨리 간다. 당신은 궁금해할지도 모른다. 언제 빛의 속도에 다다를까?

여기서 기억해야 할 핵심은 모든 운동은 상대적이라는 점이다. 그러므로 당신이 얼마나 빨리 가고 있느냐고 물을 때는 '누구의 관점에서 볼 때' 얼마나 빨리 가고 있느냐고 물어야만 한다. 먼저 당신 자신의 관점에서부터 시작해 보자. 당신이 로켓의 헤드라이트를 켠다고 상상하자. 모든 사람이 측정하는 빛의 속도는 언제나 같기 때문에 당신은 헤드라이트 빛이 빛의 완전한 정상 속도, 즉 초속 30만 킬로미터로 나아가고 있음을 볼 것이다. 당신이 얼마나 오랫동안 로켓 엔진을 가동하더라도 이것은 언제나 어떤 조건에서도 진실일 것이다. 다시 말해, 당신은 헤드라이트 빛을 따라잡지 못할 것이다.

이제 다른 사람들이 당신에 대해 뭐라고 할지를 살펴보자. 이 사람이 지구에 있는 사람이건 자신의 우주선 안에 있는 알이건 혹은 다른 누구이건 상대성 이론은 모두가 동의하는 두 가지가 있다고 말하고 있다.

첫째, 모든 사람은 당신의 헤드라이트가 빛의 속도인 초속 30만 킬로미터로 가고 있다는 데 동의할 것이다. 둘째, 오직 하나의 현실만 존재하기 때문에, 모든 사람은 또 당신의 헤드라이트 불빛이 당신보다 앞서고 있다는 데도 동의할 것이다(그림 2.4). 바로 그렇다. 모든 사람이 당신의 헤드라이트 불빛이 빛의 속도로 가고 있고, 이 빛이 당신보다 앞서고 있다고 동의한다면, 모두는 당신이 빛의 속도보다 더 느리게 가고 있다는 필연적인 결론에 이르러야만 한다. 이 같은 주장은 다른 모든 여행자와 다른 모든 움직이는 물체에도 적용되며, 헤드라이트가 있건 없건 진실이다. 모든 물체는 어떤 유형으로든 빛을 내거나 반사한다. 그리고 빛의 속도가 절대적인 한 자기 자신의 빛을 따라잡을 수 있는 물체는 없다.

이제 내가 앞서 어떻게 빛보다 더 빨리 갈 수 있느냐고 묻는 것은 북극에서 어떻게 더 북쪽으로 갈 수 있는지를 묻는 것과 비슷하다고 말한 의미를 이해할 수 있을 것이다. 북극의 북쪽으로 갈 수는 없다. 북극에서는 모든 방향이 남쪽을 향하기 때문이다. 빛보다 더 빨리 갈 수는 없다. 무엇을 어떻게 하든 빛을 따라잡을 방법이 없기 때문이다. 빛의 속도로 가는 우주선을 만드는 것은 그저 기술적인 도

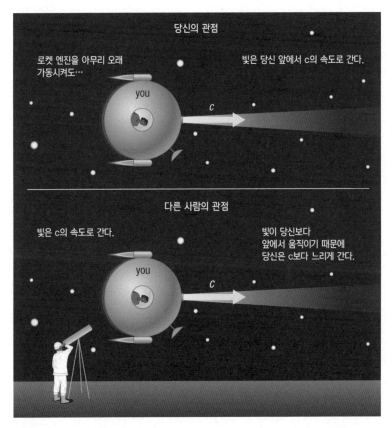

그림 2.4
이 그림은 빛의 속도의 절대성 때문에 당신이 빛의 속도에 도달하지 못함을 요약해 보여 준다. 빛 속도의 절대성은 당신이 자신의 빛을 따라가지 못함을 의미한다. 다른 사람은 모두 당신의 빛이 당신보다 앞서가고 있다고 할 것이고, 당신이 빛의 속도보다 느리게 가고 있다고 결론 내릴 것이다.

전이 아니다. 할 수 없는 것이다.

당신은 아직도 이 논리의 허점을 찾고 있는지도 모른다. 아마 앞에서 언급한 빛의 속도보다 더 빠른 속도로 팽창하는 우주와 함께 우리에게서 멀어지고 있는 그 먼 은하계를 생각하고 있는지도 모르겠다. 그것은 당신(과 여기 지구의 모든 사람)이 지금 빛보다 빠른 속도로 그 은하계로부터 멀어지고 있다는 의미 아닌가? 어떤 의미에서는 그렇지만, 바로 그렇기 때문에 논란의 여지가 있다. 멀리 떨어진 한 물체가 빛보다 빠른 속도로 당신으로부터 멀어지고 있다면 이 물체의 빛은 당신에게 닿지 못하고, 당신의 빛은 이 물체에 닿지 못한다.[2] 그러므로 당신이 빛을 추월하는지를 측정할 방법이 없다. 다시 말하지만, 상대성 이론은 '아무것도 빛보다 빨리 이동할 수는 없다'가 아니라, 아무것도 빛보다 느린 속도에서 출발해 빛을 추월하지는 못한다고 말하고 있다.

양자역학의 이상한 효과에 대해 아는 사람들은 이 논리의 또 다른 허점으로 종종 주장되는 내용을 알지도 모른다. 바로 '양자얽힘(quantum entanglement)'이라는 특정 상황에서 한 곳에 있는 입자를 측정하면 즉각 다른 곳에 있는 입자에 영향을 미칠 수 있다는 것이다. 실험실에서의 실험들은 이 즉각적인 영향이 정말 일어날 수 있다고 시사하긴 하지만, 현재 물리학의 지식에 따르면 이 현상을 한 곳에서 다른 곳으로 정보를 전달하는 데 이용할 수 없다. 실제로, 당신이 첫 번째 입자의 위치에 있고 두 번째 입자가 영향을 받았는지

---

2) 주의사항: 8장에서 이야기하겠지만, 우주 팽창과 함께 먼 은하계들이 우리로부터 더 멀리 이동하는 것이 아니다. 정확히 말해 우주 팽창은 우리와 먼 은하계들 사이에 공간을 만든다. 그 결과, 이 팽창 속도가 변하면 빛보다 빠른 속도로 멀어지고 있는 은하계의 빛이 어떤 경우 관측할 수 있는 우주 안에 들어오게 되어, 우리는 이들 은하계의 먼 과거의 모습을 볼 수 있게 된다. 실제, 강력한 망원경으로 현재 이러한 은하계들을 종종 관찰한다. 하지만 우리와 이들 은하계 사이의 거리가 빛보다 빠른 속도로 커지고 있는 한, 우리가 이들 은하계로 갈 방법은 없다.

확인하고 싶다면 두 번째 입자의 위치에서 오는 신호를 받아야 하는데, 이 신호는 빛보다 빨리 당신에게 올 수 없다. 이러한 경우를 더 명확히 설명하기 위해서 물리학자들은 종종 빛의 속도가 정보 전달 속도의 한계라고 표현한다. 나의 말로 표현하자면, 빛을 추월할 수 있는 것은 없다.

▮ 단거리 육상선수와 빛의 대결

빛의 절대적 속도가 지니는 놀라운 의미를 다시 한번 되새기기 위해 나는 예를 한 가지 더 들겠다. 미래의 육상선수 챔피언을 상상해 보자. 그의 이름을 벤이라고 하자.

100미터 경주에서 세계 신기록을 수립한 직후 벤은 금지 약물을 복용했다는 비난을 받는다. 솔직한 성격의 벤은 자신이 규정을 위반했다는 사실을 시인한다. 하지만 후회하는 빛이 없는 뻔뻔한 태도 때문에 앞으로 공식 경기 출장을 금지당한다. 그래서 그는 약물을 통해 계속 자신을 향상시키는 데 중점을 두기로 마음먹고 이전보다 더더욱 열심히 훈련에 매진한다. 어느 날, 그는 기자회견을 열고 자신은 사람과 경주하는 것이 금지되었으니 이제 빛과 경주를 하겠다고 발표한다!

벤의 발표는 열띤 흥미를 불러일으키고, 스폰서들도 쉽게 모은다. 마침내 경주할 날이 되어 관중들이 스타디움을 가득 메운 가운데,

시작을 알리는 총성이 울린다. 벤은 초인적인 속도로 출발선에서 달려 나가 100미터를 정확히 8초 만에 끊음으로써 세계 기록을 깬다. 하지만 관중들은 환호하지 않았다.

빛은 출발선에서 나와 100만분의 1초도 되지 않아 100미터에 다다랐던 것이다. 망신을 당한 벤은 집으로 돌아간다. 하지만 그는 쉽게 포기하지 않는다.

그 후 2년 동안 그는 실력을 향상해 주는 약물이란 약물은 모조리 시험하면서 훈련을 계속한다. 사람들에게 거의 잊혀질 즈음, 그는 마침내 다시 모습을 드러내고 '빛과 다시 대결할 준비가 되었다'고 선언한다. 이번에는 스폰서들도 나서기를 꺼리고, 경주 날 관중도 거의 없다. 하지만 경기를 지켜본 소수의 사람에게는 믿을 수 없는 일이 일어난다. 출발을 알리는 총성이 울리자 벤은 빛의 속도의 99.99%에 달하는 속도로 출발선에서 튀어 나가 결승선까지 이 속도를 유지한다. 즉, 경주가 100만분의 1초 만에 끝나 버렸다. 관중들은 아주 느린 슬로비디오를 보고 난 후에야 열광의 도가니에 빠진다.

슬로비디오는 물론 빛이 출발부터 끝까지 완전한 빛의 속도로 나아가 경주에서 승리했음을 보여 준다. 하지만 간발의 차였다! 벤의 속도가 빛의 속도보다 겨우 0.0001c만큼만 느렸으므로, 경주가 계속되면서 빛은 아주 조금씩 벤과의 간격을 벌리면서 겨우 1센티미터 앞서 결승선에 들어온다.

관중들은 환호했고, TV 리포터들은 벤을 인터뷰하러 달려 나간다.

하지만 벤은 보이지 않는다. 마침내 한 리포터가 라커룸에 들어갔다가 수건을 목에 두르고 시무룩해 있는 벤을 본다. "왜 그래요?" 리포터가 묻는다. 벤은 눈물 고인 눈으로 리포터를 보며 말한다. "2년 동안 피나는 훈련과 실험을 했는데 빛이 또 나를 이겼잖아요."

당신은 아마 벤의 기분을 이해할 것이다. 관중들의 관점에서 볼 때 빛과의 경주는 매우 접전이었다. 벤은 빛의 속도보다 아주 조금 느렸을 뿐이다. 하지만 벤의 입장에서 볼 때, 빛의 속도가 절대적이라는 것은 빛이 완전한 속도로 자신보다 빨리 가는 것을 보았음을 의미했다. 다시 말해, 그 빛은 2년 전이나 지금이나 똑같은 속도로 자신보다 더 빨랐던 것이다. 그나마 위안거리를 찾는다면, 놀랍게도 이번 경주에서 벤에게 100미터는 예상치 못하게 짧았다는 점이다. 이에 대해서는 다음 장에서 이야기하자.

3. 시간과 공간을 다시 정의하다

벤이 경험한 거리 단축은 1장에서 당신이 블랙홀로 여행하면서 블랙홀까지의 거리가 예상보다 줄어든 것과 똑같은 이유로 일어난다. 이것은 또한 블랙홀 여행 동안 지구에 있는 사람들보다 당신에게 시간이 더 적게 흐른 이유와 아인슈타인의 특수 상대성 이론이 설명하는 다른 효과들과도 긴밀히 연관되어 있다. 다른 효과들이란 기준틀이 다른 관찰자들은 두 가지 사건이 동시에 일어나는가 아닌가에 대해 의견이 다를 수 있다는 아이디어와 $E = mc^2$이라는 유명한 공식으로 대표되는 질량과 에너지의 등가 법칙 등등이다.

이번 장에서 우리는 다시 사고 실험을 통해 이 놀라운 아이디어들이 모두 빛의 속도의 절대성 때문에 생기는 결과임을 이해할 것이다. 이제 알게 되겠지만, 빛의 속도가 항상 같다는 아이디어는 우리가 기존에 지닌 시간과 공간의 개념을 근본적으로 바꿔놓을 것이다. 먼저, 빛의 속도의 불변성이 어떻게 시간에 영향을 미치는지부터 살펴보자.

ㅣ속도, 거리, 시간

일상생활에서 우리는 기준틀이 다른 관찰자들은 움직이는 물체의 속도에 대해서는 다른 결과를 얻지만 이동 시간에는 같은 의견을 보이리라 기대한다. 간단한 예로, 줄자를 가지고 집에서 직장까지의 거리를 재보니 10킬로미터였다고 가정하자. 다음, 자전거를 타고 집에서 직장까지 가는 데 30분, 즉 2분의 1시간이 걸렸다. 속도의 정의는 거리 나누기 시간이므로, 당신은 자전거를 타고 갈 때의 속도가 10킬로미터 나누기 2분의 1시간은 시속 20킬로미터라고 결론 내릴 것이다. 이제, 당신이 자전거를 타고 이동하는 것을 달에서 누군가가 지켜본다고 상상하자. 앞서 이야기했듯이(그림 2.1 참조) 달에서의 관찰자들은 당신이 시속 20킬로미터보다 훨씬 더 빨리 이동하는 것으로 볼 것이다. 당신이 지구의 자전 속도와 함께 움직이고 있기 때문이다.

예를 들어, 당신이 적도에서 서쪽에서 동쪽으로(지구 자전 방향) 이동하고 있다면, 달에 있는 관찰자들은 당신이 시속 1,690킬로미터로 움직이고 있다고 말할 것이다(자전거 속도인 시속 20킬로미터 더하기 적도에서의 지구 자전 속도인 시속 1,670킬로미터). 이 훨씬 빠른 속도는 이치에 맞다. 왜냐하면 달 관찰자들은 당신이 더 긴 거리를 움직이고 있는 것으로 볼 것이기 때문이다. 당신이 자전거를 타고 2분의 1시간을 가는 동안 달의 관찰자들은 당신이 한 시간에 움직이는 1,690킬로미터의 절반 거리, 즉 845킬로미터를 움직이는 것으로 볼 것이기 때문이다.

지구의 자전을 고려하여 약간 계산을 해 보면, 달의 관찰자들 역시 당신의 집에서 직장까지의 거리가 10킬로미터라고 당신의 거리 측정과 같은 결론을 내릴 수 있을 것이다.

하지만 빛이 집에서 직장까지 가는 경우라면 어떻게 될까? 예를 들어, 손전등을 켜고 손전등 빛이 집에서 직장까지 가는 데 걸리는 시간을 잰다고 가정해 보자(이를테면, 직장에 거울을 설치해 놓고 빛이 집으로 돌아오는 왕복 시간을 측정한 다음에 2로 나눈다). 이번에는 달의 관찰자들이 잰 손전등 빛의 속도는 당신이 잰 빛의 속도와 정확히 같아야만 한다. 즉, 당신이 지구의 자전과 함께 움직인다는 사실은 빛의 속도에 영향을 주지 않을 것이다.

이제 우리는 핵심 포인트에 왔다. 달의 관찰자들은 다시 한번 빛이 당신이 보는 것보다 더 긴 거리를 이동하는 것을 볼 것이다. 지구의 자전 거리가 있기 때문이다. 하지만 그들이 잰 빛의 속도가 당신이 잰 빛의 속도와 정확히 같기 때문에, 또 속도는 언제나 거리 나누기 시간이므로, 그들이 잰 빛이 집에서 직장까지 가는 데 걸린 시간이 당신이 잰 시간보다 더 걸린다고 결론지을 수밖에 없을 것이다(확실히 하기 위해 다시 보자. 속도는 거리 나누기 시간이므로, 더 긴 거리에서 똑같은 속도가 나오려면 시간이 더 걸려야만 한다). 더구나 당신과 달의 관찰자들이 빛의 이동 시간에 대해서는 의견이 다르지만 빛의 이동 속도에 대해서는 의견이 같기 때문에, 빛의 이동 거리에 대해서도 의견이 달라야만 한다.

다시 말해, 모든 사람이 언제나 빛의 속도에 대해 같은 의견이라는 사실은 우리가 더 이상 시간과 거리에 대해서 모두 같은 의견일 수는 없다는 뜻이다. 이 경우에는 의견 차이가 미미하다. 지구의 자전 속도가 빛의 속도에 비해 너무 느리기 때문이다[1]. 이 차이는 빠른 속도로 움직일 경우 훨씬 더 극적으로 드러난다. 사고 실험을 해 보자.

┃ 시간 지연

당신과 알은 각각 자신의 우주선 안에서 자유로이 둥둥 떠 있다. 당신은 당신이 정지해 있고 알이 빠른 속도로 당신을 지나간다고 본다. 알은 물론 자신이 정지해 있고 당신이 빠른 속도로 자신을 지나간다고 말한다. 여기까지는 아무런 문제도 없다. 당신과 알의 다른 관점은 모든 운동은 상대적이라는 사실을 말해 주고 있을 뿐이다. 이제, 알의 우주선 바닥에 레이저가 설치되어 있다고 가정하자. 이 레이저는 우주선 천장에 달린 거울을 겨냥하고 있다. 그림 3.1의 위쪽 그림에서 보듯이 알은 레이저 빛을 잠깐 쏘아 이 빛이 천장의 거울에 반사되어 다시 바닥에 돌아오게 한다. 매우 정확한 시계들을 이용하여, 당신과 알은 각각 레이저 빛이 바닥에서 천장으로 갔다가 다시 바닥으로 돌아온 왕복 시간을 잰다. 그 결과는 어떨까?

---

1) 그 차이가 얼마일지 궁금해할 경우를 위해 설명한다. 빛이 집에서 직장까지 10킬로미터를 가는 데 걸리는 시간을 당신이 측정해 보면 약 33마이크로초일 것이다(10킬로미터 나누기 빛의 속도). 이 33마이크로초에 지구 자전 속도를 곱하면, 지구의 자전 때문에 이동한 거리는 겨우 약 15밀리미터가 될 것이다. 다시 말해, 달에 있는 관찰자들은 당신이 지구 자전 때문에 약 15밀리미터만 더 움직인 것으로 볼 것이다. 이것은 10킬로미터 거리에 비해 너무나 짧은 거리다. 그러므로 당신이 측정한 거리와 시간과 달의 관찰자들이 측정한 거리와 시간은 차이가 거의 나지 않는다.

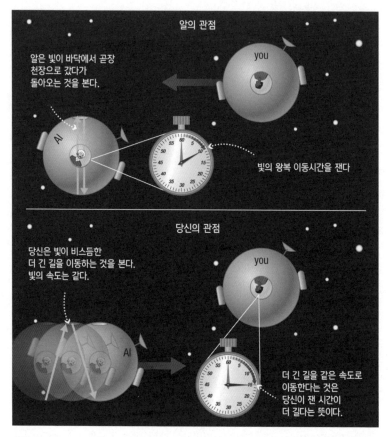

알의 관점

알은 빛이 바닥에서 곧장
천장으로 갔다가
돌아오는 것을 본다.

you

AI

빛의 왕복 이동시간을 잰다

당신의 관점

당신은 빛이 비스듬한
더 긴 길을 이동하는 것을 본다.
빛의 속도는 같다.

you

AI

더 긴 길을 같은 속도로
이동한다는 것은
당신이 잰 시간이
더 길다는 뜻이다.

그림 3.1

알이 우주선 바닥에 있는 레이저를 쏴서 천장의 거울에 맞고 되돌아오게 한다. 그가 앞으로 가고 있
으므로, 당신은 이 빛이 삼각형 모양으로 더 긴 거리를 이동하는 것을 보게 된다. 당신과 알이 생각
하는 빛의 속도가 같기 때문에, 더 긴 길을 가는 빛은 시간이 더 많이 걸린다. 그러므로 당신이 잰 시
간이 더 길다.

    당신의 관점에서 볼 때, 레이저 빛이 왕복운동을 하는 동안 알의 우
주선은 눈에 띄게 앞으로 움직인다. 그 결과, 당신은 그림 3.1의 아래쪽
그림에서 보듯이 레이저 빛이 삼각형 모양의 길을 가는 것으로 볼 것

이다. 상대성 이론을 알기 전이라면 이 경우는 대수롭지 않다. 당신과 알은 빛이 바닥에서 천장으로 갔다가 다시 바닥으로 오는 데 걸린 시간을 같게 생각할 것이고, 빛이 이 왕복운동을 하는 속도를 다르게 생각할 것이다. 하지만 그렇지 않다. 모든 사람이 측정하는 빛의 속도는 언제나 같기 때문이다.

진정 무슨 일이 벌어지고 있는지 이해하기 위해서는 이 점을 기억하라. 어떤 속도에서든 더 긴 거리를 가는 데는 더 긴 시간이 걸린다. 예를 들어, 시속 100킬로미터의 속도로 15킬로미터를 가는 것은 10킬로미터를 갈 때보다 시간이 더 걸린다.

다시 우주선의 경우로 돌아가자. 당신과 알은 빛이 빛의 속도, 즉 초속 30만 킬로미터로 이동한다는 데 동의할 것이다. 그러므로 당신이 본 빛의 삼각형 모양 이동 거리는 분명 알이 본 일직선 이동 거리보다 더 길기 때문에 당신이 잰 빛의 왕복운동 시간은 알보다 더 길어야만 한다. 다시 말해, 빛이 왕복운동을 하는 동안 당신이 알의 시계를 본다면, 알의 시계는 분명 당신의 시계보다 더 느리게 가고 있을 것이다. 그래야 알의 시계가 당신의 시계보다 시간이 덜 걸린 점을 설명할 수 있다.

당신과 알이 어떤 종류의 시계를 사용하든지 상관없다. 기계식 시계를 사용하든, 전기 시계를 사용하든, 원자시계를 사용하든, 심장박동으로 측정하든, 생화학반응을 이용하든, 똑같은 결과를 얻을 것이다. 어느 경우든 알의 시계가 당신의 시계보다 시간이 천천히 흐르는 것을 관찰할 것이다. 우리의 놀라운 결론은 다음과 같다. 당신의 관점에서 볼 때, 시간 자체가 알에게 더 느리게 흐른다.

시간은 알에게 얼마나 더 느리게 흐르고 있는가? 그것은 알의 속도에 달려 있다. 알이 빛의 속도에 비해 느리게 움직이고 있다면, 당신은 빛이 비스듬한 길로 움직이는 것을 거의 알아채지 못할 것이고, 당신의 시계와 알의 시계는 거의 같은 속도로 갈 것이다. 바로 그래서 우리는 일상생활에서 이러한 효과를 알아채지 못하는 것이다. 현재 수준에서는 우주선의 속도조차 빛의 속도에 비하면 미미하기 짝이 없기 때문이다. 빛의 이동 경로가 기울어지는 현상은 알의 속도가 빛의 속도에 가까워지기 시작할 때만 눈으로 알아챌 수 있게 된다. 알이 빨리 이동하면 이동할수록 당신이 보는 빛의 경로는 더욱더 기울어질 것이고, 그러면 알의 시계와 당신의 시계가 가리키는 시간은 더 크게 차이가 난다.

당신이 정지해 있고 이동하는 물체를 볼 때 이 이동하는 물체의 시간이 더 느리게 흐르는 이 효과를 시간 지연(time dilation)이라고 부른다. 시간 지연이란 용어는 이동하는 기준틀에서 시간이 확장 또는 팽창한다는 아이디어에서 왔다. 당신에 비해 상대방 기준틀이 더 빨리 움직이면 움직일수록 이 상대방의 시간은 더 느리게 흐를 것이다.

이동하는 기준틀에서 시간이 얼마나 느리게 흐르는지 그 변화치를 계산하는 방법은 쉽다. 다음의 간단한 세 단계를 따르면 된다.[2]

---

2) 방정식을 꺼려하지 않는다면, 세 단계를 다음 공식 하나로 계산하면 더 쉽다. 이 공식은 그림 3.1에서 보는 레이저의 삼각형 이동 경로에 피타고라스 정리를 적용한 것이다.
이동하는 기준틀의 시간 = (당신의 정지 기준틀 시간) × $\sqrt{1-(v/c)^2}$

첫 번째 단계: 이동하는 물체의 속도가 빛의 속도에 비해 몇분의 몇
인지 적는다.

두 번째 단계: 이 몇분의 몇을 제곱하고, 1에서 이 제곱한 값을 뺀다.

세 번째 단계: 계산한 값에 근호를 씌운다.

예를 들어, 알이 빛의 속도의 90%에 해당하는 속도, 즉 0.9c로 움직이고 있다고 하자. 첫 번째 단계에 따르면 0.9가 나온다. 두 번째 단계에 따르면, 0.9의 제곱은 0.81이 되고, 1에서 0.81을 뺀 값은 0.19이다. 마지막 단계에 따르면, 0.19에 근호를 씌운 값은 0.44가 된다. 이로써 알이 0.9c로 움직일 때 당신의 시간보다 알의 시간은 44%밖에 흐르지 않는 것을 관찰할 것이다. 다시 말해, 당신의 시간이 10초 걸리는 동안 알의 시계는 겨우 4.4초 걸릴 것이다. 마찬가지로, 당신에게 100년이 걸린다면 알에게는 겨우 44년이 걸릴 것이다.

물체의 속도가 증가할 때 시간이 얼마나 느려지는지를 그래프로 그리면, 이를 좀 더 일반화할 수 있다. 그림 3.2가 그 결과다. 수평축은 당신이 측정한 물체의 속도이고, 수직축은 당신에게 1초가 흐르는 동안 물체에게는 몇 초가 흐르는지를 보여 준다. 빛의 속도에 비해 느린 속도의 경우, 이동하는 물체에게 흐르는 시간의 양은 1초와 거의 구분이 되지 않는다. 즉, 당신의 시간과 움직이는 물체의 시간은 거의 같은 속도로 흐를 것이다. 하지만 물체의 속도가 증가할수록, 물체의 시간은 눈에 띄게 느려진다. 예를 들어, 점선은 우리가 앞

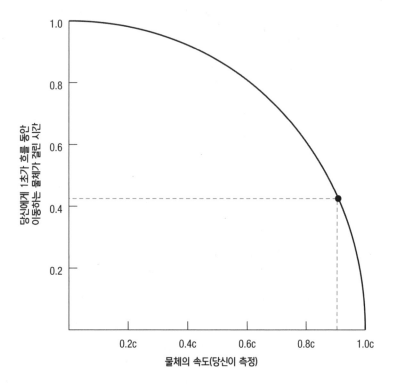

그림 3.2
이 그래프는 물체가 빛의 속도에 가까워질 때 시간이 느려짐을 보여 준다. 점선은 0.9c에서 시간이 0.44만큼 느려짐을 보여 준다. 이보다 더 빠른 속도일 경우, 시간은 더욱더 느려진다. 이론상, 물체가 빛의 속도로 움직이면 시간은 정지한다.

에서 발견한 결과를 보여 준다. 즉, 0.9c일 때 당신에게 1초가 흐르는 동안 알에게는 겨우 0.44초가 흐를 것이다. 속도가 빛의 속도에 가까워질 때 그래프는 제로를 향해 떨어짐을 보라. 즉, 물체가 빛의 속도에 점점 더 가까워질수록 시간은 더욱더 느려진다는 뜻이다.

이러한 시간의 느려짐은 어떤 물체도 속도를 점점 올려 빛의 속도에 이를 수는 없다는 사실을 다시 한번 일깨워 준다. 우주선이 당신에게서 빠른 속도로 멀어지고 있다고 상상하자. 조종사는 엔진을 계속 가동시키고 우주선의 속도는 점점 더 빨라진다. 우주선이 빛의 속도에 가까워지면 시간은 점점 더 느리게 흐를 것이다. 즉, 우주선의 조종사는 엔진을 계속 최대로 가동하고 있음에도 불구하고 당신은 이 우주선의 엔진이 점점 더 느리고 약하게 가동되는 것을 볼 것이다. 우주선의 속도는 빛의 속도에 점점 더 가까워질 수는 있지만, 빛의 속도에 다다를 수는 없을 것이다. 빛의 속도에 다다르면 이론상 시간이 완전히 정지해 버리기 때문이다. 어떤 의미에서 보면, 우주선은 시간이 없기 때문에 절대 빛의 속도에 다다르지 못한다.

┃ 길이와 질량

기준틀이 다르면 시간이 다르다는 사실은 자동적으로 거리(혹은 길이)와 질량 역시 운동의 영향을 받음을 의미한다. 먼저 길이부터 시작해 보자. 빛과 경주한 단거리 육상선수 벤을 다시 한번 생각하자.

벤은 빛의 속도와 매우 가까운 속도로 100미터를 달리고 있으므로 그가 경험하는 시간은 스타디움에서 그를 지켜보는 사람들보다 훨씬 더 느리게 흐르고 있음이 틀림없다. 사실, 그가 0.9999c의 속도로 달리고 있으므로, 앞에 나온 세 단계의 계산을 거치면 그의 시간은 관중들의 시간보다 겨우 1.4%의 속도로 흐르고 있다(1 -

0.9999²에 근호를 씌우면 0.014). 그러므로 그의 관점에서 볼 때, 그는 100미터의 겨우 1.4%에 해당하는 거리만 달렸다. 그가 달리는 동안 100미터는 겨우 1.4미터가 된다.

우리는 이 아이디어를 적용하여 1장의 블랙홀 여행에서 일어났던 일을 설명할 수 있다. 기억을 되살려 보면, 당신은 빛의 속도의 99%, 즉 0.99c의 속도로 여행을 했다. 앞에 나온 세 단계의 계산을 거치면 당신의 시간은 지구에 있는 사람들의 시간에 비해 겨우 약 14%로 흐르고 있다는 결과가 나온다. 지구에 있는 사람들이 볼 때 당신의 여행은 50.5년이 걸리기 때문에, 당신에게는 50.5의 14%인 약 7년밖에 걸리지 않는다(블랙홀 주위를 돌며 보낸 6개월은 본질적으로 당신이나 지구에 있는 사람에게나 같다. 블랙홀로부터 멀리 떨어져서 궤도를 돌았기 때문에 블랙홀의 중력은 당신의 시간에 거의 영향을 주지 않기 때문이다). 이에 더하여, 당신과 우리는 당신의 이동 속도를 동일하게 생각한다. 우리가 당신이 지구로부터 0.99c의 속도로 멀어지고 있다고 말하는 것과 마찬가지로, 당신은 지구가 0.99c의 속도로 당신으로부터 멀어지고 있다고 말할 것이다. 그러므로 당신이 지구에 있는 사람들이 걸리리라 말하는 시간의 겨우 14%만에 여행을 마칠 것이므로, 당신이 이동하는 거리도 14%밖에 되지 않을 것이다. 그래서 블랙홀까지 가는 25광년은 약 3.5광년으로 줄어들었다.

우주 여행자에게 거리가 더 짧아진다는 아이디어를 반대로 생각하면 이와 긴밀히 연관된 또 다른 결론에 이르게 된다. 운동은 언제나 상대적이며 모든 관점이 동등하게 타당하다는 사실을 기억하라.

예를 들어, 벤의 관점에서 볼 때 자신은 다리만 움직였고 100미터라는 경주 코스가 자신의 아래로 지나갔다고 볼 수 있다. 그러므로 벤이 경주를 하면서 경주 코스가 줄어든 것을 발견했듯이, 우리는 달리는 벤이 줄어든 것을 발견할 것이다.[3] 다시 말해, 벤을 재보면 벤이 움직이는 방향으로 납작해진 것을 알 것이다(그의 신장과 너비는 영향을 받지 않을 것이다). 마찬가지로, 당신이 블랙홀로 타고 간 우주선의 길이가 정지 상태에서 100미터라면, 빠른 속도로 날아갈 때는 길이가 줄어든 것을 발견할 것이다. 이러한 이유로 상대성 이론에서 거리와 길이가 줄어드는 효과를 보통 길이 수축(length contraction)이라고 한다. 이동하는 물체의 길이가 수축된 정도는 이 물체의 시간이 지연된 정도와 동일하다. 그러므로 길이와 시간 모두 그림 3.2의 그래프를 이용할 수 있다.

이제 질량 문제로 넘어와서, 상대성 이론은 물체가 움직일 때는 정지해 있을 때보다 질량이 더 커진 것처럼 나타난다고 말한다.[4]

---

3) 상황을 신중하게 연구하면, 우리는 벤이 자신이 움직이는 방향으로 줄어든다고 결론 내리겠지만, 실제로 우리가 그를 볼 때 그가 '납작해진' 것을 보지는 않을 것이라는 점을 아는 것이 중요하다. 그 이유는, 우리가 빠른 속도로 움직이는 벤을 볼 때 벤의 각 신체 부분에서 나오는 빛들의 이동 시간이 서로 다르기 때문이다. 물체가 빠른 속도로 움직일 때 실제로 어떻게 보이는지에 대한 시뮬레이션을 제공하는 웹사이트들은 많다.

4) 질량이 증가한다는 개념은 어떤 의미에서 지나친 단순화다. 실제 우리가 관찰하는 바는 운동량과 에너지이고, 수학적 계산에서 이 운동량과 에너지는 '모메너지(momenergy)' 혹은 '사차원 시공간에서의 운동량(four-momentum)'으로 결합된다. 이러한 이유로 수십 년 동안 상대성 이론의 일부로 '질량 증가'를 가르쳐오긴 했지만, 오늘날 대부분의 물리학자들은 모메너지 증가 측면에서 생각하고, 질량은 속도에 따라 변하지 않는다고 취급한다. 상대성 이론을 깊이 있게 공부할 때는 이 구분이 중요하지만, 상대성 이론을 쉽게 소개하는 이 책에서는 옛날 방식을 따른다.

질량이 얼마나 더 커지는지 알고 싶다면, 시간 지연과 길이 수축의 정도로 나누면 된다. 예를 들어 0.99c의 속도로 당신이 블랙홀로 날아가고 있을 때, 우리는 당신의 시간이 우리의 시간의 14%밖에 흐르지 않고, 당신의 우주선은 정지해 있을 때에 비해 14% 길이밖에 되지 않는 것을 볼 것이다. 그러므로 14%는 0.14와 같으므로, 당신의 질량은 정지해 있을 때 질량보다 7.1배(1 나누기 0.14) 더 커진 듯 보일 것이다. 다시 말해, 정지해 있을 때 당신의 정상 질량이 50킬로그램이라면, 빛의 속도의 99% 속도로 움직일 때는 약 50 × 7.1 = 355킬로그램으로 늘어난 듯 보일 것이다. 언제나 그렇듯이, 당신은 여전히 자신이 정상 질량을 가지고 있다고 생각할 것이라는 사실을 기억하라. 당신은 자신이 정지 상태에 있다고 여길 수 있기 때문이다. 당신의 질량이 더 커진 것으로 볼 사람은 당신을 관찰하는 우리다. 예를 들어 당신이 무엇인가와 충돌하는 경우, 이 충돌하는 힘은 당신이 정상 질량일 때보다 약 7배 더 클 것이다. 이로써 당신의 질량은 이동하는 동안 약 7배 더 커진 듯하다고 확인하는 것이다.

질량은 왜 이런 식으로 증가할까? 여러 가지 방법으로 살펴볼 수 있지만, 나는 또다시 사고 실험을 해 보는 편이 가장 쉬울 거라고 생각한다. 알에게 쌍둥이 형이 있고, 이 형도 알의 우주선과 똑같은 우주선을 타고 있다고 상상하자. 하지만 당신의 기준틀에서 이 형은 정지해 있고, 알은 빠른 속도로 당신 옆을 지나가고 있다. 알이 당신 옆으로 지나가는 순간, 당신은 알의 우주선과 그의 형의 우주선을 똑같은 힘으로 민다. 즉, 똑같은 힘으로 똑같은 시간 동안 민다. 상대성 이론을 적용하기 전의 생각으로는 두 우주선은 똑같은 질량을 가지고 있고, 당신은 알과 그의 형에게 똑같은 속도를, 예컨대 초속 1킬로미터를 더해 주리라 예상할 것이다. 하지만 이제 시간에 무슨 일이 일어나는지를 생각해 보자. 알은 당신과 그의 형에 대해 움직이고 있으므로, 알의 시간은 당신과 그의 형의 시간보다 더 느리게 흐르고 있을 것이다. 그것은 당신이 알의 형보다 알을 더 짧은 시간 동안 밀어 주었다는 뜻이 된다. 알은 더 짧은 시간 동안 미는 힘을 받았기 때문에 이 힘은 알에게 영향을 적게 줄 것이고 그래서 그의 형보다 속도가 덜 늘어날 것이다. 당신이 똑같이 밀어 주어도 왜 알에게 속도가 덜 붙는지를 설명하는 한 가지 방법은 알의 질량이 형의 질량보다 더 크다는 사실을 보면 된다.[5]

이 질량 증가 아이디어도 어떤 물체도 빛의 속도에 이를 수 없다는 사실을 설명해 준다. 물체가 빨리 움직이면 움직일수록 물체의 질량은 점점 커진다. 그러므로 물체의 속도가 점점 더 빨라지면, 같은 힘을 줘도 그 물체의 속도는 점점 더 적게 늘어난다. 물체의 속도가 빛의 속도에 가까워지면, 물체의 질량은 무한대를 향해 갈 것이다. 무한대의 질량을 더 빨리 움직이게 할 힘은 없으므로, 물체는 빛의 속도에 도달할 마지막 속도를 결코 얻지 못한다.

---

5) 다시 말하지만, '질량 증가'는 상대성 이론을 연구하는 대부분 물리학자들이 더 이상 사용하지 않는 개념임을 염두에 두라. 하지만 이 구분은 상대성 이론을 깊이 연구할 때만 중요한 것이고, 상대성을 쉽게 소개하는 이 책에서는 상관없다.

▎동시성의 상대성

우리는 지금까지 특수 상대성 이론의 가장 유명한 결과들을 다루었다. 즉, 움직이는 기준틀의 물체는 (1) 시간 지연, (2) 길이 수축, (3) 질량 증가를 겪는다는 아이디어다. 이 세 아이디어에서 특수 상대성의 다른 많은 놀라운, 혹은 보기에 역설적인 결과들이 나올 수 있다. 우리는 짧은 이 책에서 그것들을 모두 다룰 수는 없다. 하지만, 다음 장에서 우리가 '상식'을 다시 정의하여 상대성을 포용하려 할 때에 특히 중요한 역할을 할 한 가지 아이디어에 주목해 보자. 그것은 때로 동시성의 상대성(relativity of simultaneity)이라고 부르는 아이디어다.

기존의 상식에 따르면, 우리는 두 사건이 동시에 일어났는가, 아니면 한 사건이 다른 사건보다 먼저 일어났는가에 대해 모든 사람이 의견이 같아야만 한다고 생각한다. 예를 들어, 당신이 사과나무 두 그루에서 각각 사과 한 개씩(하나는 빨간 사과, 하나는 초록 사과)이 땅에 동시에 떨어지는 것을 본다면, 당신은 다른 사람들도 모두 두 사과가 동시에 땅에 떨어졌다고 생각할 것으로 기대한다(두 나무에서 오는 빛의 이동 시간의 차이를 고려했다고 가정할 경우). 마찬가지로 초록 사과가 빨간 사과보다 먼저 땅에 떨어지는 것을 봤는데, 어떤 사람이 빨간 사과가 먼저 땅에 떨어졌다고 말한다면 당신은 매우 놀랄 것이다. 자, 그럼 이제 놀랄 준비를 하시라.

놀라기 전에 우선, 무엇이 상대적일 수 있고 무엇이 상대적일 수 없는지를 명확히 하는 것이 중요하다. 우리는 다른 기준틀의 관찰자들이 다른 장소들에서 일어난 사건들이 어느 것이 먼저 일어났다거나 동시에 일어났다는 데 반드시 같은 의견을 갖지는 않는다는 사실을 알게 될 것이지만, 모든 사람은 단일 장소에서 일어난 사건의 순서에 대해서는 의견이 일치해야만 한다. 예를 들어, 당신이 쿠키를 집어 먹었다면, 모든 사람은 당신이 쿠키를 먼저 집어 든 다음에 그것을 먹었다는 데 동의해야만 한다.

이제 다시 사고 실험을 해 보자. 알은 아주 긴 우주선을 새로 샀다. 그리고 빛의 속도의 90%에 달하는 속도, 즉 0.9c의 속도로 당신을 향해 오고 있다. 그는 우주선의 중간에 있으며, 우주선은 앞쪽의 녹색 불빛과 뒤쪽의 빨간 불빛이 반짝이는 것을 제외하고는 완전히 깜깜하다. 그림 3.3의 위쪽 그림에서 보듯이, 당신은 녹색 불빛과 빨간 불빛을 정확히 동시에 본다고 가정하자. 알이 당신을 지나가는 순간에 두 불빛이 동시에 당신을 비춘다고 가정하자. 불빛이 당신을 향해 오는 그 짧은 시간 동안 알의 전방 이동은 당신이 보는 녹색 불빛이 반짝이는 지점을 향해 그를 이동시킨다는 점에 주의하자. 그 결과, 녹색 불빛은 빨간 불빛보다 먼저 그에게 닿을 것이다. 즉, 그는 먼저 녹색 불빛을 받고 그다음 빨간 불빛을 받을 것이다. 지금까지는 아무것도 놀랍지 않다. 당신은 두 불빛을 동시에 본다. 당신은 정지해 있으니까 말이다. 하지만 녹색 불빛이 알에게 먼저 닿는다. 그가 앞으로 이동하고 있으니까 말이다. 하지만 이제 알의 관점에서 일어나는 일을 생각해 보자. 알은 자신이 정지해 있고, 당신이 움직이고 있다고 생각한다.

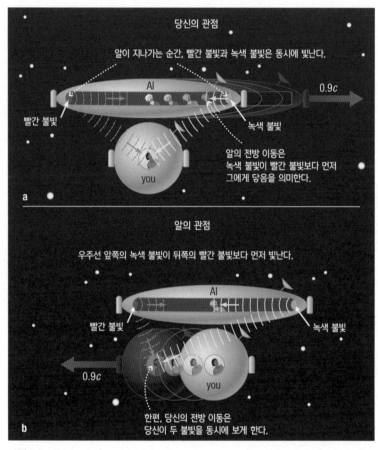

당신의 관점

알이 지나가는 순간, 빨간 불빛과 녹색 불빛은 동시에 빛난다.

AI

0.9*c*

빨간 불빛

녹색 불빛

알의 전방 이동은
녹색 불빛이 빨간 불빛보다 먼저
그에게 닿음을 의미한다.

you

a

알의 관점

우주선 앞쪽의 녹색 불빛이 뒤쪽의 빨간 불빛보다 먼저 빛난다.

AI

빨간 불빛

녹색 불빛

0.9*c*

you

한편, 당신의 전방 이동은
당신이 두 불빛을 동시에 보게 한다.

b

그림 3.3
녹색 불빛과 빨간 불빛은 당신에게 동시에 닿고, 알은 먼저 녹색 불빛을 받고 다음 빨간 불빛을 받는
다. 당신은 두 불빛이 실제로 동시에 반짝였다고 결론 내릴 것이지만, 알은 녹색 불빛이 먼저 빛났다
고 결론지을 것이다.

운동은 같은 장소에서 일어난 사건들의 순서에는 영향을 끼칠 수
없다는 사실을 기억하라. 그러므로 당신은 녹색 불빛과 빨간 불빛이
당신에게 도달해 당신을 비출 때 단일 장소에 있었으므로, 모든 사

람은 두 불빛이 당신에게 동시에 닿았다는 데 동의할 것이다. 이것은 당신이 쿠키를 집어 든 다음 그것을 먹었다는 데 모든 사람이 동의하는 것과 같은 아이디어다. 마찬가지로 알을 포함하여 모든 사람은 알이 녹색 불빛을 먼저 받고 그다음 빨간 불빛을 받았다는 데 동의할 것이다. 하지만 알은 자신이 우주선 가운데 정지해 있고, 녹색 불빛과 빨간 불빛이 똑같은 거리에 떨어져 있다고 생각한다.

그러므로 그의 관점에서 볼 때, 녹색 불빛이 자신에게 먼저 닿을 수 있는 유일한 경우는 녹색 불빛이 실제로 먼저 반짝인 경우라고 생각한다. 다시 말해, 그는 그림 3.3의 아래 그림이 보여 주는 것처럼 상황을 볼 것이다. 그는 녹색 불빛이 빨간 불빛보다 먼저 반짝였다고 말할 것이고, 두 불빛이 당신에게 동시에 닿은 이유는 당신이 빨간 불빛 쪽으로 움직이고 있었기 때문이라고 말할 것이다.

다른 관점들도 가능하다. 예를 들어, (당신의 기준틀에서) 반대 방향으로 움직이고 있는 우주선을 탄 사람은 빨간 불빛이 먼저 반짝였다고 결론 내릴 것이다. 우리는 그러므로 사건들의 순서에 대해 최소한 세 가지 다른 관점을 볼 수 있다. 당신은 두 불빛이 동시에 일어났다고 말하고, 알은 녹색이 빨간색보다 먼저 일어났다고 말하고, 알과 반대 방향으로 움직이는 관찰자는 빨간색이 녹색보다 먼저 일어났다고 말할 것이다. 그럼 누가 옳은가? 모든 움직임은 상대적이다. 그러므로 셋 모두 옳다. 우리의 새로운 상식은 모든 관찰자가 사건들의 순서나 동시성에 대해 같은 의견을 가지지는 않는다는 사실을 용납해야 할 것이다.

┃ 시공간

　시간, 길이, 질량, 심지어 사건들의 순서에 대해서도 의견이 다를 수 있다는 이 모든 이야기에 당신은 결국 '모든 것'이 상대적인 것은 아니지 않는가 하는 생각을 하기 시작할지 모른다. 몇몇 패턴이 보이는 것이다. 우리는 길이를 공간을 재는 치수(공간은 길이, 너비, 깊이를 가지므로)로 생각할 수 있고, 시간과 공간은 관찰자들에 따라 달라질 수 있지만 매우 정확한 방식으로 그렇다. 즉, 어느 관찰자의 관점에서도 모든 것이 자기모순 없이 자기 일관성(self-consistency)을 유지한다. 생각해 보면, 이 자기 일관성은 사실 상대성의 첫 번째 절대 아이디어, 즉 '자연법칙들은 모든 사람에게 똑같다'이다. 그리고 기억하라. 우리가 발견한 모든 결과는 두 번째 절대 아이디어, 즉 '모든 사람이 재는 빛의 속도는 언제나 똑같다'라는 것에 초점을 맞춤으로써 찾아냈다.

　아인슈타인과 다른 사람들은 이들 아이디어를 수학을 통해 조사했고, 매우 중요한 사실을 발견했다. 즉, 시간과 공간은 개별적으로 측정했을 때는 관찰자에 따라 다를 수 있지만, 시간과 공간을 합친 시공간은 모든 사람에게 똑같다는 것이다.

　시공간의 의미를 이해하려면, 우선 '차원'의 개념을 이해해야 한다. 우리는 차원을 움직임이 가능한 개별 방향의 수로 정의할 수 있다. 점은 0차원이다. 점은 기하학적으로 어디로도 가지 못하고 그 자리에 구속된다. 점을 한 방향을 따라 앞뒤로 움직이면 선이 생긴

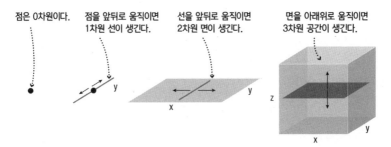

점은 0차원이다.　점을 앞뒤로 움직이면　선을 앞뒤로 움직이면　면을 아래위로 움직이면
　　　　　　　　1차원 선이 생긴다.　2차원 면이 생긴다.　3차원 공간이 생긴다.

그림 3.4
이들 도표는 3차원 공간을 만드는 방법을 보여 준다.

다. 선은 1차원이다. 오직 한 방향으로의 움직임이 가능하기 때문이다(뒤로 가기는 앞으로 가기의 마이너스 개념으로 앞으로 가기와 똑같은 것으로 간주한다). 선을 앞뒤로 움직이면 2차원인 면이 생긴다. 움직임이 가능한 두 방향은 길이 방향과 너비 방향이다. 그 밖의 방향들은 그저 이 두 가지를 조합한 것이다. 면을 위아래로 움직이면, 3차원 공간이 생기고, 길이, 너비, 깊이의 세 개별 방향이 가능하다. 그림 3.4가 이들을 요약해 보여 준다.

　우리는 3차원 공간에서 살고 있기 때문에 길이, 너비, 깊이 외의 다른 방향(혹은 다른 방향과의 조합)을 생각하지 못한다. 하지만 우리가 '다른' 방향들을 보지 못한다고 해서 그것들이 존재하지 않는다는 뜻은 아니다. 공간을 어떤 '다른' 방향을 따라 앞뒤로 움직일 수 있다면, 4차원 공간이 만들어질 것이다. 우리는 이 4차원 공간을 머릿속에 그리지 못하지만, 4차원 공간을 수학적으로 묘사하기는 비교적 쉽다. 대수학에서 우리는 1차원의 문제는 단일 변수 x를 써서 나타내고, 2차원의 문제는 두 변수 x와 y를 써서 나타내며, 3차원의 문제는 세 변수 x, y, z를 써서 나타낸다. 4차원의 문제는 그저 x, y, z, w처럼 네 번째 변수를 추가하면 된다. 이론상, 우리는 5차원, 6차원 등등 계속 나아갈 수 있다.

3차원보다 높은 모든 차원의 공간을 초공간이라 한다. 공간을 넘어섰다는 뜻이다. 시공간은 움직임이 가능한 4가지 방향이 길이, 너비, 깊이, 시간인 초공간이다. 이때 시간은 네 번째 차원이 아니라, 그저 4개의 차원 중 하나라는 점에 유의하라. 우리는 시공간의 4개 차원을 동시에 머릿속에 그릴 수 없지만, 만약 그릴 수 있다면 상황이 어떨지는 상상할 수 있다. 우리가 보통 보는 3개 차원에 더하여 모든 물체는 시간 속에 뻗어 있다. 우리가 일상생활에서 3차원으로 보는 물체는 시공간에서 4차원의 물체로 보일 것이다. 우리가 4차원에서 볼 수 있다면, 우리는 왼쪽이나 오른쪽을 보는 것처럼 쉽게 시간 속을 볼 수 있을 것이다. 예컨대, 우리가 한 사람을 본다면, 우리는 이 사람의 일생에서 일어난 모든 사건을 볼 수 있을 것이다. 어떤 역사적인 사건의 진상이 궁금하다면, 그 사건을 쉽게 볼 수 있을 것이다.

시공간이라는 개념은 서로 다른 관찰자들이 왜 하나의 시간이나 거리를 다르게 볼 수 있는가를 이해할 수 있는 간단한 방식을 제공한다. 우리는 4개 차원을 동시에 머릿속에 떠올릴 수 없기 때문에 3차원적 비유를 이용해 보자. 당신이 많은 사람에게 똑같은 책을 나눠주면서 각 사람에게 이 책의 치수를 재보라고 한다고 가정하자.

모든 사람이 똑같은 결과를 낼 것이고, 그 책의 3차원적 구조에 대해 같은 의견일 것이다. 이제, 당신이 각각의 사람에게 책 대신 책을 찍은 2차원적 사진을 보여 준다고 가정하자. 사진들은 모두 똑같은 책을 보여 주고 있지만, 그 모습은 아주 다를 수 있다(그림 3.5). 사람들이 2차원적 사진들이 현실을 반영한다고 믿는다면, 그들은 아마 책의 길이와 너비를 다르게 재고, 책의 모습에 대해 서로 다른 결론을 낼 수도 있을 것이다. 일상 생활에서 우리는 3개의 차원만 인식하면서 이 인식이 현실을 반영한다고 생각한다. 하지만 시공간은 실제로 4차원이다. 사람들이 똑같은 3차원의 책을 찍은 서로 다른 2차원의 사진들을 볼 수 있는 것과 마찬가지로, 관찰자들은 똑같은 시공간의 현실을 두고 서로 다른 3차원의 '사진들'을 볼 수 있는 것이다. 이 서로 다른 '사진들'은 서로 다른 기준틀에 있는 관찰자가 시간과 공간을 서로 다르게 인식한 것이다. 그래서 관찰자들은 사실 동일한 시공간 현실을 보면서도 시간, 길이, 질량에 대해 서로 다른 결과를 얻을 수 있는 것이다. 테일러(E. F. Taylor)와 휠러(J. A. Wheeler)가 함께 쓴 고전적인 교재인 『시공간 물리학(Spacetime Physics)』에 나오는 다음 문구를 인용해 본다.

"공간은 서로 다른 관찰자들에게 다르다.
시간은 서로 다른 관찰자들에게 다르다.
시공간은 모두에게 동일하다."

10인치

2인치

8인치

책은 분명한 3차원의 모양을 하고 있다.

책의 2차원적 사진들은 매우 달라 보일 수 있다.

그림 3.5
3차원의 물체가 그것을 찍은 2차원적 사진에 따라 달라 보일 수 있듯이, 시공간에 있는 물체의 현실은 서로 다른 관찰자가 시간과 공간을 독립적으로 볼 때 시간과 공간은 서로 다른 치수로 나타날 수 있다.

4차원 경로들을 머릿속에 그리고 싶어 하고 약간의 수학을 꺼리지 않는 독자들을 위해 여기서 한 가지만 덧붙이고 싶다(다른 사람들은 이 단락을 건너뛰어도 좋다). 그래프의 원점(중심)에 점을 하나 찍고 여기서 좀 떨어진 곳에 두 번째 점을 찍는다고 가정하자. x축(수평)과 y축(수직)을 어느 방향으로 그리느냐에 따라 두 번째 점의 좌표는 달라질 수 있다. 하지만 두 축을 어느 방향으로 그리든, 두 점 사이의 거리는 언제나 $\sqrt{(x^2+y^2)}$으로 동일할 것이다. 마찬가지로, 3차원 공간에서 원점과 다른 점 사이의 거리도 세 축을 어느 방향으로 그리든 언제나 $\sqrt{(x^2+y^2+z^2)}$이다. 시공간은 모든 사람에게 동일하기 때문에, 시간과 공간의 개별적 치수가 어떻게 나오든 간에 언제나 모든 사람이 동의하는 두 사건 사이의 시공간 '거리', 좀 더 공식적으로 말해 '간격(interval)'도 있어야만 한다. 당신은 아마 이 간격이 앞선 거리 측정에서와 마찬가지로 t^2을 더해서 근호를 씌운 공식으로 나오리라 기대할지도 모른다.

하지만 간격은 약간 다르다. 그것은 $\sqrt{(x^2+y^2+z^2-t^2)}$이다.[6] 마이너스 부호는 시공간의 기하학에 복잡성을 더한다. 예를 들어, 3차원에서 두 점 사이의 거리는 두 점이 동일한 장소에 있을 때에만 제로(0)가 되는 반면, 두 사건 사이의 간격은 빛의 4차원 경로로 이을 수 있는 한 시공간에서 분리되어 있을 때에도 제로(0)가 될 수 있다. 이 기하학에 대해서는 더 이상 자세하게 들어가지 않겠지만, 상대성을 더 깊이 있게 공부한다면 이 문제와 만날 것이다.

---

6) 수학에 밝은 독자들은 t가 시간 단위이고, x, y, z는 길이 단위임을 알아차릴 것이다. 단위를 일관성 있게 하려면, t를 ct로 바꾸면 된다. 이 책에서는 암묵적으로 그렇게 했다고 치자.

| 유명한 공식 : $E = mc^2$

우리는 다시 책 비유(그림 3.5)를 이용하여 길이 수축, 시간 지연, 질량 증가를 좀 더 깊이 있게 살펴볼 수 있다. 시공간에 있는 두 책, 당신의 기준틀에서 하나는 정지해 있고, 다른 하나는 빠른 속도로 움직이는 두 책을 머릿속에 그려 보자. 간단한 이해를 위해, 두 책을 1시간 동안만 지켜본다고 치고, 시작 시점에서 두 책은 당신의 바로 앞에 있다고 가정하자.

우리는 시공간의 4개 차원 모두를 머릿속에 그릴 수 없으므로, 그림 3.6처럼 공간을 평면으로 나타내고 시간 축을 위로 연장하자(엄밀히 말해, 이것은 책의 세 공간 차원 중 두 개 차원만 보여 준다는 의미지만, 이런 세부 사항은 무시하자). 당신의 기준틀에서 정지 상태에 있는 책은 한 시간 '거리' 동안 시간 축을 곧장 위로 올라갈 뿐이다. 빠른 속도로 당신 옆을 움직이는 책은 같은 장소에서 시작하지만, 공간 속에서 1시간 동안 당신에게서 멀어진다.

이제, 모든 사람이 각 책의 4차원적 시공간 구조에는 같은 의견을 가져야 하지만, 우리는 단지 3개 차원만 동시에 볼 수 있음을 기억하라. 정지해 있는 책을 볼 때 당신은 책에 평행하게 시간 축을 오른다. 그러므로 당신은 단지 3개의 공간 차원만 보고 시간 차원은 보지(혹은 측정하지) 못한다. 앞선 비유에서 생각하면, 이것은 책의 커버를 정면으로 보고 있어 길이와 너비는 보지만 책의 두께는 보지 못하는 것과 같다. 이와 대조적으로, 움직이는 책을 관찰하는 것은 일

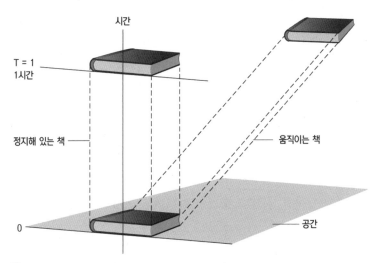

그림 3.6
시공간에 있는 책을 한 시간 동안 머릿속에 그려 보자. 정지 상태의 책은 공간에서는 움직이지 않고 시간에서만 움직인다. 움직이는 책은 공간과 시간 둘 다에서 움직인다.

정 각도로 회전하는 책을 보는 것과 같다. 3차원에서 일정 각도로 회전하는 책을 찍은 2차원적 사진에서 책 커버가 회전하는 방향으로 더 짧아 보이듯이, 시공간에서 움직이는 책을 우리의 3차원 눈으로 관찰하면 3개의 공간 차원 중 하나가 짧아 보인다. 이것이 길이 수축 현상이다. 게다가, 3차원에서 회전을 하는 책을 찍은 사진이 이전에는 보지 못했던 책의 두께를 조금 보여 주듯이, 시공간의 '회전'은 당신이 움직이는 책의 시간 차원 일부를 볼 수 있다는 의미이다. 이 아이디어가 시간 지연으로 나타난다.

지금까지는 모든 것이 좋다. 그러면 질량 증가는 어떤가? 상대성 이전의 물리학에서는 질량과 에너지를 각각 별개로 생각했고, 이 둘은 언제나 보존된다고 생각했다. 즉, 과학자들은(외부 힘의 영향을 받지 않는) 폐쇄계에서는 총질량은 언제나 동일하게 유지되고 총에너지도 언제나 동일하게 유지된다고 생각했다. 하지만 상대성 이론은 질량은 운동과 함께 변한다는 사실을 보여 주고 있다. 즉, 질량 하나만 볼 때는 보존될 수 없고, 보존되는 것은 질량과 에너지의 어떠한 조합임이 틀림없음을 의미한다. 시공간에서 이 아이디어를 살펴보자.

당신은 아마 움직이는 물체는 운동 에너지를 가진다는 사실을 알고 있을 것이다. 물체가 빨리 움직이면 움직일수록, 운동 에너지는 더 커진다.[7] 이것은 상대성 이론 이전의 물리학에서 볼 때, 움직이지 않는 물체는 아무 에너지도 가지지 않는다는 뜻이다. 하지만 상대성 이론에서 볼 때, 우리는 시간을 무시할 수 없고, 모든 물체는 본질적으로 언제나 시간 속에서 움직이고 있다. 더구나, 시간은 '네 번째' 차원이 아니고 시공간의 4개의 차원 중 하나이므로, 물체의 에너지를 생각할 때 시간을 빠뜨려서는 안 된다.

아인슈타인은 (이와는 약간 다른 방식으로) 특수 상대성 이론의 공식들을 가지고 이 아이디어를 연구했고, 에너지를 생각할 때 보통의 운동 에너지 외에 이전에는 인식되지 않았던 추가 요소가 실제로 있다는 것을 발견했다. 그는 움직이는 물체의 경우, 이 추가 에너지는 질량 증가로 나타나며 이 질량 증가는 간단한 공식으로 표현할 수 있다는 사

---

7) 상대성을 고려하지 않을 때 물체의 운동 에너지 공식은 $\frac{1}{2}mv^2$이다. 여기서 m은 물체의 질량, v는 속력이다.

실을 알았다. 아마 더 놀랍게도, 이 사실은 또 공간을 움직이지 않는 물체, 즉 정지 상태의 물체들조차 '시간 속을 움직이는' 것과 관련된 에너지를 가진다는 점을 암시한다는 걸 발견했다. 이 책은 이에 대해 상세히 들어가지 않을 것이지만, 비교적 간단한 대수학을 통해 질량 증가 공식을 가지고 이 정지 에너지를 계산해 낼 수 있다. 그것이 바로 mc^2이다. m은 물체의 정지 질량(정지 상태의 기준틀에서 측정한 질량)이고, c는 빛의 속도다. 여기에 에너지를 나타내는 E를 더하면, 우리는 아마 세상에서 가장 유명한 공식인 $E = mc^2$을 얻는다.

이 공식은 최소한 특정 상황에서는 질량을 에너지로, 혹은 에너지를 질량으로 전환하는 것이 가능함을 말해 준다. 더구나 c^2은 매우 큰 숫자(표준 단위에서, $c^2 = 300,000,000^2 m^2/s^2 = 9 \times 10^{16} m^2/s^2$)이므로, 작은 양의 질량이라도 엄청난 양의 에너지를 생산할 수 있음을 말해 준다. 예를 들어, 제2차 세계대전 때 사용한 원자폭탄의 에너지는 질량 1그램(클립 한 개의 질량 정도)을 에너지로 전환한 것이다. $E = mc^2$은 또 태양이 어떻게 빛을 내는지도 설명해 준다. 바로, 핵융합 과정을 통해 태양 질량의 미미한 일부를 끊임없이 에너지로 전환하는 것이다.

좀 더 일반적으로 볼 때, $E = mc^2$은 질량과 정지 상태 에너지 사이의 등가 관계를 나타낸다. 이 등가 관계는 우리가 공간과 시간 사이의 등가 관계를 보는 것과 흡사한 방식으로 봐야만 한다는 사실을 염두에 두라. 즉 단일 시공간에서 시간과 공간은 서로 다른 차원일 뿐이라는 것을 알고 있지만, 일상에서 시간과 공간은 매우 다르게 보인다. 마찬가지로 질량과 에너지도 일반적인 환경에서는 매우 다른 것으로 보이고, 연관 있어 보이는 상황은 매우 드물다. 그렇지만 예컨대 핵폭탄이나 항성의 빛과 같이 그 등가 관계를 볼 수 있는 그런 드문 상황은 아인슈타인의 이 유명한 공식이 우리의 존재에 심오한 영향을 끼치고 있음을 명백히 증명한다. 그런 상황들은 또 이 공식이 비롯된 특수 상대성 이론이 날마다 우리 모두에게 영향을 미치는 매우 중요한 이론이라는 사실도 보여 준다.

4.

새로운 상식

2장과 3장에서 우리는 아인슈타인의 특수 상대성 이론의 주요 결과들은 모두 두 가지의 절대적인 아이디어에서 나온다는 사실을 살펴보았다. 두 가지 절대 아이디어는 '자연의 법칙들은 모든 사람에게 똑같다'라는 것과 '모든 사람이 측정하는 빛의 속도는 언제나 똑같다'라는 것이다. 우리는 자신의 빛을 추월하지 못한다는 사실을 발견했다. 우리는 서로 다른 기준틀, 즉 서로에 대해 상대적으로 움직이고 있는 기준틀에 있는 관찰자들은 시간, 공간, 질량에 대해 서로 다른 측정치를 내놓는다는 사실을 발견했다. 우리는 서로 다른 관찰자들은 서로 다른 장소에서 일어나는 두 가지 사건의 순서나 동시성에 대해 반드시 같은 의견을 가지지는 않는다는 사실을 발견했다. 그리고 우리는 물체의 정지 질량과 에너지는 아인슈타인의 유명한 공식 $E = mc^2$에서 보듯 일종의 등가 관계가 있다는 사실을 살펴보았다.

나는 이들 중 어느 것도 특별히 어렵지는 않았기를 바란다. 우리는 거의 이 모든 것을 몇 가지 사고 실험을 통해 발견했고, 수학은 거의 사용하지 않았다. 쉽기는 했지만, 당신은 아마 아직도 '글쎄?'

라고 생각하고 있을지도 모른다. 따지고 보면, 상대성의 놀라운 결과들로 이어지는 논리를 따라갈 수 있는 것과 '이해했다'고 주장하는 것은 별개의 문제니까 말이다. 그래서 이 장에서는 앞에서 이미 배운 아이디어들을 좀 더 잘 이해하게 돕고자 한다.

본격적으로 시작하기 전에, 흔히 생각하는 것과는 반대로, 특수 상대성 이론은 상식을 위반하지 않는다는 사실을 언급하고 싶다. 우리가 일상생활에서 기대하는 바와 상대성 이론이 우리에게 말하는 바 사이의 차이점은 빛의 속도와 비슷한 속도로 움직이는 물체를 다룰 때만 분명해지고, 그러한 속도는 우리의 평범한 일상에서 경험할 수가 없다. 우리가 일상적으로 경험하지 못하는 것에 대해 일상적인 지식을 가질 수는 없다.

상대성 이론을 이해할 때 발생하는 진정한 문제는 우리가 느린 속도에서의 일반적인 상식이 빠른 속도에도 적용될 것이라고 추정하는 경향이 있다는 것이다. 하지만 왜 그래야 하는가? 제한적인 상황에서 배운 어떤 것을 더 넓은 상황에 적용하려면 수정해야 하지 않을까?

'위'와 '아래'의 의미를 예로 들어 보자. 어릴 적에 위와 아래의 '상식적' 의미를 배웠다. 즉, 위는 머리 위이고 아래는 발을 향하는 방향이며, 물체들은 아래로 떨어지는 경향이 있다는 것이다. 이 상식은 어린이일 때는 완벽하게 잘 들어맞았고, 지금도 집에서나 동네에서는 잘 적용된다. 하지만 어느 날, 지구가 둥글다는 사실을 배웠고 지구본을 봤다. 잘 기억하지 못할지 모르지만, 이것은 아마도

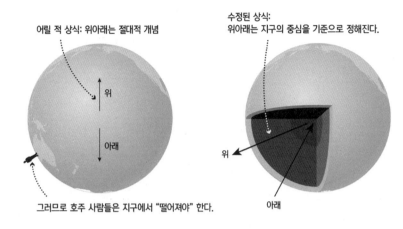

어릴 적 상식: 위아래는 절대적 개념

수정된 상식:
위아래는 지구의 중심을 기준으로 정해진다.

위

아래

그러므로 호주 사람들은 지구에서 "떨어져야" 한다.

위

아래

그림 4.1
위아래에 대한 당신의 초기 '상식'은 지구의 작은 부분에서 경험한 바에만 기초한 것으로, 호주 사람들이 떨어지지 않는다는 사실을 수용하기 위해서는 수정되어야만 했다. 마찬가지로, 당신의 느린 속도로 움직이는 일상에서의 시간과 공간에 대한 상식은 상대성 이론이 더 빠른 속도에 대해 말하고 있는 바를 수용하기 위해 수정되어야만 한다.

당신에게 작은 지적 위기를 초래했을 것이다(그림 4.1). 지구본에서 북반구가 위쪽에 있다면, 상식적으로 볼 때 분명 호주 사람들은 지구에서 떨어져야만 하기 때문이다. 하지만 호주 사람들이 떨어지지 않는다는 사실을 알고 있었으므로 당신은 위아래에 대한 '상식'이 옳지 않다는 사실을 받아들여야만 했다. 자신의 상식을 수정해서 위아래라는 것은 사실 지구의 중심을 기준으로 결정되며, 옛 개념은 지표면의 작은 부분에서만 절대적인 듯 보인다는 사실을 인정했다.

상대성 이론을 이해할 때도 이와 같은 종류의 상식 수정이 필요하다. 느린 속도로 움직이는 일상의 시간과 공간에 대한 상식은 오직 제한적으로만 괜찮다. 농구 경기를 할 때 위아래를 절대적인 개념으로 생각해도 괜찮은 것처럼 말이다. 하지만 지구 전체를 볼 때 위아래의 정의를 수정해야 하는 것과 마찬가지로 운동의 완전한 전체 범위를 보고 싶다면 시간과 공간의 정의는 수정되어야만 한다. 그것은 약간의 정신적 노력이 필요하겠지만, 그렇게 어려운 일은 아니다. 새로운 상식은 옛 상식 위에 건설될 것이고, 일상생활에서 흔히 경험하는 모든 것과도 계속 완벽하게 일관성을 유지할 것이기 때문이다.

| 운동의 상대성

새로운 상식을 구축하기 전에, 나는 먼저 상대성 이론의 몇몇 결과는 지금까지 보아온 결과보다 훨씬 더 이상해 보일 수 있다는 점을 알려 주어야겠다. 그래서 당신과 친구 알은 다시 각각 우주선으로 돌아가서 빠른 속도일 때의 사고 실험을 다시 시작한다.

창밖을 보니 알은 빛의 속도와 가까운 속도로 당신에게서 멀어지고 있다. 우리의 앞선 사고 실험에서 살펴보았듯이, 당신은 알의 시간이 느리게 흐르고, 그의 길이는 수축되며, 그의 질량은 늘어난다고 말할 것이다. 하지만 이번에는 지금까지 하지 않았던 질문을 해보자. 알은 이 상황을 어떻게 설명할까?

알다시피 알은 자신이 정지 상태에 있으며 당신이 빠른 속도로 그에게서 멀어지고 있다고 생각했다. 그러므로 자연의 법칙들은 모든 사람에게 똑같기 때문에 알은 당신이 도달한 결론과 똑같은 결론을 자신의 관점에서 내려야만 한다. 즉, 알은 당신의 시간이 느리게 흐르고, 당신의 길이가 수축되며, 당신의 질량이 늘어난다고 말할 것이다!

내가 가르쳤던 학생 대부분과 마찬가지라면, 당신은 아마 이 사실을 잘 받아들이려 하지 않을 것이다. 뭔가 모순으로 보인다고 생각할 것이다. 어떻게 당신과 알, 둘 다 서로의 시간이 느리게 흐른다고 주장할 수 있는가? 그래서 이전에 나와 함께 우주여행을 떠났던 수천 명의 학생들과 마찬가지로, 알의 시간만 느리게 흐르지 당신의 시간은 아니라고 증명하기로 마음을 먹는다. 이것은 쉽다. 초강력 망원경을 꺼내 들고 알의 우주선 내부를 관찰하는 것이다. 당신은 그의 시간이 사실 느리게 흐르며, 그가 하는 모든 일은 슬로모션으로 이루어지고 있음을 발견할 것이다.[1] 이렇게 증거를 갖추고 당신은 알에게 무전기로 당신이 알아낸 바를 전한다. "이봐, 알! 내가 지켜봤는데 말이야, 네 시간이 분명 나의 시간보다 더 느리게 흐르고 있어."

무전기 메시지가 절대적인 빛의 속도로 이동하므로(그가 당신에게

---

1) 여기서도 당신이 실제 보는 바와 빛의 이동 시간 차이 등의 효과들을 감안하여 내리는 결론은 매우 다르다는 점은 무시했다(3장 주 3 참조). 이 경우, 당신이 보는 바는 알이 당신으로부터 멀어지고 있을 때 당신이 내리는 결론과 비슷할 것이다. 그래서 알이 멀어지고 있는 경우를 예로 들었다. 알이 당신을 향해 오거나 옆을 지나갈 경우, 당신이 보는 바는 매우 다를 것이다.

서 멀어지고 있으므로 도플러 효과에 의해 주파수가 줄어들 것이지만) 알은 메시지를 받는 데 아무 문제가 없다. 물론 메시지가 그에게 닿는 데 약간의 시간이 걸리고, 알의 답변이 당신에게 오는 데도 약간의 시간이 걸린다. 알의 메시지가 올 때 그의 말은 슬로모션처럼 들린다. "아아안 녀어엉……" 그의 시간이 느리게 흐르고 있다는 사실을 또 한 번 확인한다. 하지만 알의 답변 전체를 녹음하고 정상으로 들리도록 빠른 속도로 재생했을 때, 당신은 깜짝 놀란다. 알이 "무슨 소리 하고 있는 거야? 내가 초강력 망원경으로 널 지켜보고 있는데, 내가 아닌 네가 슬로모션으로 움직이고 있어!"라고 말했기 때문이다.

당신은 원하는 만큼 계속 메시지를 주고받을 수 있지만, 누가 옳은지는 결론이 나지 않을 것이다. 그래서 당신은 좋은 아이디어를 하나 떠올린다. 망원경에 비디오카메라를 달고 알의 시계가 당신의 시계보다 더 느리게 움직이고 있는 모습을 영화처럼 녹화한다. 그리고 이 영화를 CD에 구워 로켓에 매단 후 알을 향해 발사한다. 알이 이 영화를 보면 당신이 옳고 그가 슬로모션으로 움직이고 있다는 증거가 될 것이라고 당신은 생각한다. 하지만 논쟁에서 이겼다고 선언하기 직전, 알 또한 당신과 같은 아이디어를 생각해냈음을 발견한다. 알이 만든 영화를 매단 로켓이 당신에게 도착한다. 그 영화를 보니 알이 옳다는 명백한 증거인 듯하다. 그의 영화 속에서 당신은 슬로모션으로 움직이고 있는 것이다!

여기에는 틀림이 없다. 자연의 법칙들이 모두에게 똑같다는 사실은 당신과 알이 각자의 우주선에서 무중력으로 떠 있는 한, 그래서 둘 다 자신이 정지 상태에 있다고 타당하게 주장할 수 있는 한, 당신과 알은 둘 다 서로에게 똑같은 일이 일어나고 있다고 결론 내려야만 하는 것이다. 당신은 그의 시간이 느리게 흐르고 있다고 결론 내리고, 그는 당신의 시간이 느리게 흐르고 있다고 결론 내린다. 그래야만 하는 것이다.

▮ 항성들로 가는 티켓

"아하! 이렇게 하면 틀림없겠군요! 알과 내가 움직이기를 멈추고 한 자리에 모여 두 시계를 비교하면 두 시계 모두 같은 시간일 리 없잖아요? 더구나 당신은 앞에서 내가 블랙홀로 여행할 때 지구에 있는 사람들보다 내 나이가 덜 든다고 말했잖아요. 그러면 어느 쪽을 믿으라는 건가요? 알과 나의 시간 둘 다 느리게 흐른다는 거예요? 아니면 둘 중 한 명에게 느리게 흐른다는 거예요?"

당신이 무엇을 생각하고 있는지 내 짐작이 맞는다면, 당신은 상대성 이론의 유명한 쌍둥이 역설(twin paradox)을 알아낸 것 같다. 보통 쌍둥이 역설은 당신이 일란성 쌍둥이이고, 쌍둥이 한 명이 지구에 머무는 동안 당신은 빛의 속도와 가까운 속도로 항성에 갔다가 지구로 돌아온다. 특수 상대성 이론에 의하면 당신이 항성에 갔다 오는 동안 지구에 남은 쌍둥이 중 한 명은 (빛 이동 효과를 고려한 후) 당신의 시간이 느리게 흐른다고 결론지을 것이고, 당신은 지구에서 시간이 느리게 흐른다고 결론지을 것이라고 말한다. 하지만 이것은 불가능해 보인다. 여행을 마치고 쌍둥이가 만났을 때 둘 다 더 젊을 수는 없기 때문이다.

이것은 정말 역설적이다. 하지만 지구가 둥글다는 사실을 처음 알았을 때 호주 사람들이 지구에서 '떨어질' 것이라고 생각한 것도 마찬가지로 역설적이었다. 다시 말해, 상대성 이론에서 마주치는 역설은 모순적으로 보이지만 우리의 옛 상식을 적용할 때만 그렇다. 새로운 상식을 알면 모순은 사라진다. 그럼 우선 이 쌍둥이 역설부터 해결해 보자.

핵심은 자연의 법칙이 모든 사람에게 똑같다는 말이 진정 무슨 뜻인지를 생각해 보는 것이다. 순조로이 비행하는 비행기 안에서 실험한다면, 당신은 땅에서 실험할 때와 정확히 같은 결과를 얻을 것이다. 하지만 비행기가 이륙할 때나 난기류 속을 날 때 실험을 한다면, 당신과 실험에 가해진 힘들 때문에 분명 땅에서와 다른 결과를 얻을 것이다. 당신은 여전히 똑같은 자연의 법칙들을 경험하고 있지만, 이 경우에는 순조로운 비행에서는 걱정할 필요가 없었던 몇몇 힘들이 당신에게 작용한다. 그러므로 비행기 안에서의 실험과 땅에서의 실험을 비교하려면, 비행기에 가해진 추가적인 힘들을 고려하여 계산하든지, 땅에 비행 시뮬레이터를 만들어서 이 추가적인 힘들을 가하면서 실험을 해야 할 것이다. 자연의 법칙들은 언제나 모든 사람에게 같지만, 두 관찰자가 실제로 동일한 결과를 얻으려면 둘이 동등한 기준틀에 있어야만 한다. 그렇지 않을 경우, 결과는 매우 복잡해진다. 그래서 우리는 알과 당신이 우주선 안에서 무중력으로 떠 있는 기준틀을 가정했고, 그럼으로써 두 사람의 상황이 동등하다고 말할 수 있었다.

이러한 사실이 당신의 블랙홀 여행에는 어떻게 적용되는지 한번 살펴보자. 우리는 당신이 일정한 속도 0.99c로 블랙홀로 갔다가 지구로 왔다고 말했다. 당신이 그 일정한 속도로 여행을 하는 한, 당신의 기준틀은 본질적으로 지구의 기준틀과 동등하다(비교적 약한 지구의 중력은 무시하자). 그러므로 당신은 지구의 시계가 느리게 간다고 결론 내릴 수 있다.

하지만 여기서 우리는 당신의 우주선이 지구에서 정지 상태에 있다가 어떻게 0.99c의 속도로 가속했고, 어떻게 속도를 늦춰 블랙홀 주변 궤도를 돌았으며, 어떻게 다시 가속하여 지구로 돌아왔으며, 어떻게 지구에서 마침내 멈추었는지 등 여러 가지 중요한 문제들을 간과했다. 우리는 (엄청난 가속과 감속 때문에 당신이 죽을 것이라는 것 외에) 구체적으로 말하지 않았지만, 그러한 극도의 가속(이나 감속)을 할 동안에 당신이 지구에서와 동등한 기준틀에 있지 않았다는 것은 매우 분명하다. 다시 말해, 우리가 지금까지 이야기해 온 법칙들로는 당신이 가속의 힘을 느낄 때 무슨 일이 일어나는지를 설명하기에 충분하지 않다.

우리는 나중에 일반 상대성 이론을 배우면서 쌍둥이 역설을 이해할 것이다. 하지만 시공간에 대해 우리가 이미 아는 내용으로도 쌍둥이 역설을 해결할 수 있다. 2040년 지구에서 출발하는 것은 시공간에서 하나의 사건이고, 블랙홀에 다다르는 것도 하나의 사건이며, 2091년에 지구에 돌아오는 것도 하나의 사건이다. 모든 사람은 이들 사건이 일어났다는 것을 동의해야만 한다. 오직 문제는 얼마만큼의 시간과 공간이 차이가 나느냐이다. 지구에 있는 사람에게는 51년의 세월이 흐르고 당신의 왕복 여행 거리는 50광년이었다. 당신에게는 0.99c의 속도로 여행하므로 겨우 약 7년 6개월이 흐르고 왕복 거리는 겨우 약 7광년이었다. 이것은 우리가 이미 배운 내용이다. 즉, 공간은 서로 다른 관찰자들에게 서로 다르고, 시간 역시 서로 다른 관찰자들에게 서로 다르지만, 시공간은 모든 사람에게 똑같다는 것이다.

이제 사고 실험으로 당신과 알의 문제를 살펴보자. 당신과 알은 무전기나 로켓에 매단 비디오로 누구의 시간이 진정 느리게 흐르고 있는가에 대해 갑론을박할 수 있다. 하지만 둘이 한자리에 모여 시계를 비교한다면 어떻게 될까? 그 대답은 어떻게 한자리에 모이느냐에 달려 있다. 시계를 비교하려면 시작 시점과 끝 시점이 있어야 한다. 시작 시점의 경우, 당신과 알이 서로를 지나치는 시점으로 잡을 수 있다. 이론상 당신과 알은 그때 서로 시계를 비교할 수 있기 때문이다. 그러면 끝 시점은 문제가 있다. 끝 시점에서 당신과 알은 다시 만나야 하지만, 둘 다 동등하게 무중력 상태에 떠 있는 기준틀을 계속 유지한다면 계속하여 빠른 속도로 서로에게서 멀어지고 다시 돌아오지 않을 것이기 때문이다. 시계를 비교하려고 만날 수 있는 유일한 방법은 둘 중 한 명이 로켓 엔진을 가동해서(상대방 관점에서) 속도를 줄이고 다시 돌아오는 것이다. 기술적인 세부 사항은 약간 복잡해지지만, 결국 비교해 보면 엔진을 가동한 사람이 블랙홀 여행 때와 같은 힘을 경험하며, 그때 시계의 시간이 적게 흘렀을 것이다.

어떤 의미에서 상대성 이론은 우리가 빛의 속도와 가까운 속도에 이를 수 있는 우주선만 만들 수 있으면 항성 여행을 할 수 있는 티켓을 제공하는 셈이다. 당신은 이미 블랙홀로 가는 티켓을 사용했다. 시간 지연 현상이 없었다면 인생에서 51년이라는 긴 시간을 써야 했겠지만, 시간 지연 덕분에 7년 6개월 만에 여행을 할 수 있었다. 더욱더 빠른 속도로 여행할 수 있다면, 시간 지연은 여행에 걸리는 시간을 더욱 줄여줄 것이다. 예를 들어, 속도에 9를 하나 더 붙여 우주선이 (0.99c가 아니라) 0.999c의 속도로 간다면, 블랙홀 왕복 여행 시간은 가는데 약 1년, 오는 데 약 1년밖에 걸리지 않을 것이다. 이럴 경우, 2040년에 지구를 떠났는데 겨우 두 살 더 많아져 지구에 돌아올 수 있다. 하지만 지구에 있는 사람들은 여전히 블랙홀까지 가는 데 25년이 조금 더 걸리고 거기에 블랙홀에서 보내는 시간을 합해 계산하기 때문에 지구의 시간은 2091년을 가리키고 있을 것이다.

이보다 더 빛의 속도에 가까이 갈 수 있는 기술을 개발한다면, 거의 모든 여행을 당신의 일생 동안에 할 수 있다. 예를 들어, 안드로메다 은하계는 약 250만 광년 떨어져 있다. 이것은 지구 사람들의 관점에서 볼 때, 안드로메다 은하계에 있는 항성을 왕복 여행하는 데 최소한 500만 년이 걸린다는 뜻이다. 하지만, 빛의 속도의 1조분의 50 이내의 속도(0.99999999995c)로 여행할 수 있다면, 이 여행은 당신의 관점에서 약 50년밖에 걸리지 않을 것이다. 30세에 지구를 떠나서 80세에 돌아올 수 있다. 하지만 당신의 친구, 가족, 당신이 알던 모든 것은 500만 년 동안 다 사라지고 없는 지구에 돌아올 것이다.

그러므로 이것은 좋은 소식이기도 하고 나쁜 소식이기도 하다. 좋은 소식은 상대성 이론이 항성으로 가는 티켓을 제공한다는 것이고, 나쁜 소식은 시간의 측면에서는 편도 여행이라는 것이다. 당신이 먼 거리를 갔다가 떠난 자리로 돌아올 수 있지만, 떠났던 시간으로 돌아올 수는 없다는 것이다. 상대성 이론은 여행하고 싶은 사람에게 우주의 문을 열어 주지만, 집으로 다시 돌아올 수는 없다.

▌상대성을 입증하는 실험들

아직도 이 모든 아이디어가 너무나 이상하게 생각된다고 해도 걱정하지 마라. 상대성을 처음 공부하는 사람은 누구나 그렇다. 새로운 위아래 개념을 배웠을 때도 약간의 시간이 걸렸듯이, 상대성 이론을 받아들이는 데도 약간의 익숙해짐이 필요하다. 사고 실험들의 논리를 따라올 수 있었다면 지금까지 아주 잘해 온 것이다.

물론 이 논리를 받아들이기 전에, 당신은 아마 이 모든 것이 증거에 의해 뒷받침된 것이라는 확신이 필요할지도 모른다. 우리가 앞서 이야기했듯이 세상의 모든 논리는 증거가 없으면 불충분하다. 실제의 관찰이나 실험이 필요한 것이다. 우리는 이미 빛 속도의 절대성에 대한 증거를 이야기했다. 하지만 상대성의 다른 예측은 어떻게 실험할 수 있을까?

상대성의 결과는 빠른 속도에서 눈에 가장 잘 뜨인다. 그래서 우리는 우리의 관점에서 빛의 속도에 가까운 속도로 움직이는 물체를 가지고 실험을 하고 싶다. 당신은 그것이 어려우리라 생각할지도 모른다. 우리는 아직 그런 속도의 여행을 하지 못하기 때문이다. 하지만 물체는 클 필요가 없고, 원자보다 작은 입자를 그러한 속도로 운동하게 하는 것은 비교적 쉽다. 과학자들은 입자 가속기(particle accelerators)라는 기계로 그렇게 한다. 요즈음에는 유럽에 있는 강입자충돌기(Large Hadron Collider)가 가장 잘 알려진 입자 가속기지만, 과학자들은 수십 년 전부터 (힘은 더 약하지만) 이와 비슷한 기계들을 만들어 왔다.

입자 가속기가 복잡하고 값비싼 기계일지는 모르나 이것들의 용도는 매우 간단하다. 과학자들은 이것들을 이용하여 원자보다 작은 입자들을 빛의 속도와 가까운 속도로 가속한 다음 서로 충돌시켜 그 효과를 관찰한다. 이 간단한 용도는 입자 가속기들을 이용하여 상대성의 여러 직접적인 실험을 할 수 있다는 의미다.

첫째, 이 기계들은 어떤 것을 가속시켜 빛의 속도에 이르게 할 수는 없다는 직접적인 증거를 제공한다. 입자 가속기들에서 입자들을 빛 속도의 99%에 이르는 속도로 움직이게 하기는 꽤 쉽다. 하지만 입자 가속기에 아무리 더 많은 에너지를 투입해도 입자는 빛의 속도에는 이르지 못한다. 몇몇 입자는 빛의 속도와 0.00001% 차이 나는 수준에 이르렀지만, 빛의 속도에는 이르지 못했다.

둘째, 입자 가속기들은 질량이 늘어나는 듯 보인다는 예측을 실험할 수 있게 해 준다. 상대성 이론 이전의 물리학에서 생각해 볼 경우, 두 입자가 충돌할 때 방출되는 에너지의 양은 입자의 질량과 속도에 따라 달라진다. 우리는 입자 가속기 안에서 충돌하는 입자의 속도를 안다. 그러므로 충돌 에너지를 측정하면 입자의 질량을 계산할 수 있다. 그 결과는 입자들이 실제로 정지 상태에 있을 때보다 정확히 특수 상대성 이론이 예측한 양만큼 질량이 더 커진 듯함을 보여 주었다.

셋째, 입자 가속기들은 $E = mc^2$을 직접 실험해 볼 수 있게 해 준다. 이 공식은 (핵폭탄처럼) 질량이 에너지로 전환될 수 있음을 보여 준다는 의미로 가장 유명하긴 하지만, 또한 에너지가 질량으로 전환될 수 있다고도 말하고 있다. 입자 가속기들은 정확히 이 점을 보여 준다. 입자들의 충돌은 아주 농축된 에너지를 방출하고, 이 에너지의 일부는 저절로 원자보다 작은 입자들로 변한다. 사실, 이것은 과학자들이 더 강력한 입자 가속기들을 추구하는 주요 이유다. 더 많은 에너지를 가지고 그들은 더욱 다양한 새 입자들을 생산할 수 있고, 그러면 자연의 근본적인 구성요소에 대한 새로운 통찰을 얻을지도 모르기 때문이다. 상대성을 실험하는 입장에서는 에너지에서 입자들이 생성된다는 그 사실만으로도 상대성 이론이 예측한 질량과 에너지의 등가 관계를 확인할 수 있다.

넷째, 아마 가장 주목할 만한 것으로, 입자 가속기로 시간 지연을 직접 실험해 볼 수 있다. 충돌 에너지에서 생성된 입자 다수는 매우 짧은 생애(기술적인 용어로, 짧은 반감기)를 가진다. 즉, 이들은 빨리 다른 입자들로 변한다. 예를 들어, $\pi+$('파이 플러스') 중간자라고 하는 입자는 정지 상태에서는 약 18나노초(십억분의 1초)의 생애를 가진다. 하지만 입자 가속기 안에서 빛의 속도에 가까운 속도로 생성된 $\pi+$ 중간자는 18나노초보다 훨씬 더 오래 지속된다. 더 지속된 양은 시간 지연 공식이 예측한 양과 같다. 우리의 관점에서 빠른 속도로 움직일 때 이들 입자의 시간은 진정 느리게 흐르는 것이다.

다른 종류의 실험들은 보다 느린 속도에서 상대성의 효과들을 증명해 주었다. 시간 지연과 같은 효과는 매우 빠른 속도에서만 쉽게 알아차릴 수 있지만, 이론상 시간 지연은 언제나 최소한 얼마만큼은 일어나기에, 시계가 충분히 정확하다면 언제나 측정 가능하다. 지난 50년 동안, 과학자들은 가장 정확한 시계들을 이용하여 점점 더 느린 속도에서 상대성을 실험해 왔다. 시간 지연은 우주왕복선 안의 시계와 땅의 시계를 비교하여 측정했고, 심지어 비행기 안의 시계와 땅의 시계를 비교하여 측정하기도 했다. 2010년, 나의 고향인 콜로라도주 볼더에 있는 미국표준기술연구소(National Institute of Standards and Technology)에서 실시한 실험은 초속 10미터(시속 36킬로미터) 이하의 속도에서 시간 지연의 양을 확인했다. 이 속도는 도시에서 자전거를 타고 다니는 대부분의 사람들보다 더 느린 속도다.

결론을 말하자면, 특수 상대성 이론은 과학 분야에서 실험으로 가장 잘 입증된 이론 중 하나로, 매우 성공적으로 실험을 통과했다. 과학에서 우리는 결코 어떤 이론을 의심의 여지 없이 진실이라고 증명할 수는 없다. 언제나 미래의 어떤 실험에서 실패할 가능성이 있는 것이다. 그렇지만 특수 상대성 이론을 뒷받침하는 엄청난 규모의 증거들은 부정할 수 없고, 만약 어떤 다른 이론이 특수 상대성 이론을 대체하게 된다면, 그 이론은 현재의 이론을 매우 훌륭하게 뒷받침하고 있는 이 많은 증거에 대해서도 설명할 수 있어야 할 것이다.

▌햇빛과 라디오

직접적인 실험을 통해서 나온 특수 상대성 이론의 증거는 인상적이다. 하지만 나는 그것이 가장 중요한 부분이라고 생각하지 않는다. 특히, 우리 삶에서 지극히 중요한 역할을 하는 다소 간접적인 상대성 실험이 2개 있다.

첫 번째는 $E = mc^2$에서 질량의 에너지 전환이다. 이 공식은 핵폭탄이 어떻게 그렇게 큰 에너지를 방출하는지를 설명하는 것 외에, 세계가 이용하는 전기의 상당한 부분(약 10~15%)을 제공하는 원자력 발전소에서 생산되는 에너지도 설명해 준다. 더구나 질량의 에너지

전환은 태양과 다른 항성들이 어떻게 수십억 년 동안 꾸준하게 빛을 낼 수 있는지를 설명한다. 예를 들어, 태양의 핵융합은 초당 약 6억 톤의 수소를 5억 9,600만 톤의 헬륨으로 바꾼다. '사라진' 400만 톤의 질량은 에너지로 바뀌어 태양을 빛나게 만든다. 어떤 의미에서, 우리를 비추는 햇빛은 아인슈타인의 유명한 공식을 확인해 주고 있고, 이 공식이 특수 상대성 이론에서 나왔으므로, 햇빛은 상대성이 옳음을 입증하는 증거라고 할 수 있다.

두 번째 간접적인 실험은 약간의 배경지식을 필요하다. 아직 이야기하지 않았지만, 아인슈타인이 특수 상대성 이론을 개발한 주요 동기는 그보다 몇십 년 앞서 발견된 전자기(electromagnetism)의 공식에서 보이는 문제를 해결하려는 것이었다. 이들 공식은 빛의 속도를 상수로 포함하고 있었는데, 무엇을 기준으로 빛의 속도를 측정하는지 그 기준틀에 대한 언급이 없었다.

상대성 이론이 나오기 전에는 이것이 풀어야 할 숙제로 보였다.[2] 하지만 상대성 이론과 함께 그것은 전혀 문제가 되지 않았다. 상대성 이론은 빛의 속도를 측정하는 기준틀은 필요 없다고 말하고 있기 때문이다. 빛의 속도는 모든 사람에게 언제나 똑같기 때문이다. 우리의 목적에서 볼 때 더 중요한 점은, 특수 상대성 이론 전체를 전자

---

2) 가장 흔히 제시된 해결책은 우주가 에테르라는 물질로 가득 채워져 있으며, 전자기파가 에테르를 통과할 때 에테르가 진동을 한다고 상상하였다. 1887년 마이컬슨-몰리 실험은 이 에테르를 포착하기 위해 실시되었으나 에테르를 포착하지 못하고 대신 빛의 속도는 언제나 같다는 사실을 발견해 내 대부분의 과학자를 크게 놀라게 했다.

기 공식에서 이끌어 낼 수 있었다는 것이다. 일부 물리학자들은 이들 수학적 아이디어를 알았으나(가장 주목할만한 사람은 헨드릭 로렌츠〔Hendrik Lorentz〕로, 특수 상대성 이론의 핵심 공식들은 그의 이름을 따서 '로렌츠 변환'이라고 부른다) 아인슈타인 이전에는 누구도 이 사실이 의미하는 바를 진정으로 이해하지 못했다. 이 사실이 중요한 이유는? 바로 이들 공식을 이용하여 우리는 라디오를 작동시키고, 현대의 사실상 모든 전기 장치들을 작동시키고 있기 때문이다. TV를 켤 때마다, 휴대전화를 집어들 때마다, 컴퓨터를 이용할 때마다 당신은 전자기 공식들을 확인하고 있는 것이다. 이들 공식이 특수 상대성 이론을 함축하고 있으므로, 당신은 또한 아인슈타인의 이론을 확인하고 있기도 하다.

▌커다란 음모

나는 특수 상대성 이론이 옳다는 사실을 잘 납득시켰다고 믿고 싶다. 나는 먼저 두 가지 절대적인 아이디어를 시작점으로 삼아 설명했고, 이 두 시작점에서 생기는 결과를 일련의 사고 실험을 통해 살펴보았으며, 이론 전체를 뒷받침하는 여러 증거들을 묘사했다.

하지만 내가 그것들을 모두 지어냈다면? 당신은 어떻게 내가 그러지 않았다는 것을 알 수 있을까? 나는 상대성 이론에 관한 다른 많은 책을 지적하거나 상대성 이론을 공부한 다른 물리학자들과 이야기해 보라고 말할 수 있을 것이다. 하지만 당신은 우리 물리학자들이 모두 거대한 음모의 공모자이고 사람들을 혼란케 하여 물리학자들이 세상을 지배하려 한다고 상상할 수도 있을 것이다. 언제나 음모론은 존재할 수 있는 법이니까!

아마 그럴 수도 있겠지만, 음모 이론가가 되기 전에 최소한 음모의 결과에 대해 조사해 보아야 한다. 그러므로 잠시 상대성 이론이 진실이 아니라고 가정하고 세계는 당신의 옛 상식이 기대하는 방식으로 돌아간다고 쳐보자. 이것은 하기 쉽다. 특수 상대성 이론은 모두 두 가지 절대적인 아이디어에서 나오기 때문이다(그리고 자연법칙들은 누구에게나 똑같다는 아이디어는 우리의 옛 상식에 잘 들어맞으므로). 우리는 단지 두 번째 절대적 아이디어만 제거하면 된다. 다시 말해, 빛의 속도가 절대적이지 않다고 가정하자. 빛의 속도가 공이나 자동차나 비행기의 경우에 우리가 기대하는 것처럼 다른 속도에 더해지는 것이라고 생각해 보자.

그림 4.2에서 보는 것처럼, 시속 약 100킬로미터로 달리는 두 자동차가 교차로에서 충돌한다고 상상해 보자. 당신은 교차로의 한 거리에서 그 충돌을 목격한다. 빛의 속도가 절대적이지 않다면, 각 자동차에서 당신에게 오는 빛은 빛의 정상 속도와 자동차가 당신에게 오고 있는 속도를 더한 속도로 올 것이다. 당신에게 일직선으로 오고 있는 자동차의 경우, 자동차의 빛은 그러므로 속도 c + 시속 100킬로미터로 올 것이다. 당신의 시선(line of sight)에 교차해 오고 있는 자동차는 당신을 향해 오고 있지 않기 때문에 이 자동차의 빛은 그

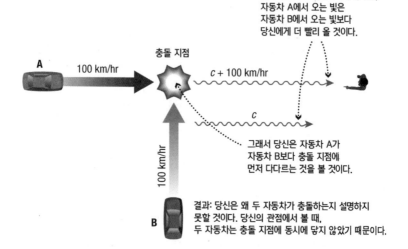

그림 4.2
두 자동차가 교차로에서 충돌한다. 빛의 속도가 절대적이라면, 충돌은 분명 일어난다. 빛의 속도가
절대적이지 않다면, 관찰자마다 충돌에 대해 의견이 다를 것이다.

저 빛의 정상 속도인 c로 오고 있을 것이다. 그 결과, 당신은 이론상,
당신을 향해 오고 있는 자동차가 다른 자동차보다 약간 먼저 교차로
에 다다르는 것을 볼 것이다.

지금까지, 이것은 중요하지 않아 보일 수 있다. 자동차의 시속
100킬로미터는 빛의 속도의 겨우 약 100만분의 1이기 때문에, 당신
이 두 자동차의 빛이 도착한 시간의 차이를 알아채기는 어려울 것이
며 충돌은 예상대로 일어난 듯 보일 것이다. 하지만 아주 멀리서 충
돌을 관찰한다면 어떻게 될까? 예를 들어, 당신이 100만 광년 떨어
진 행성에서 초강력 망원경을 가지고 충돌을 관찰한다고 상상해 보

자. (당신을 향해 오는) 첫 번째 자동차의 빛은 두 번째 자동차의 빛보다 빛의 속도의 100만분의 1 더 빠른 속도로 오기 때문에 100만 광년의 거리를 오면 이 빛은 두 번째 자동차의 빛보다 1년 더 앞서 당신에게 도달하게 된다.

생각해 보라. 당신의 관점에서 볼 때, 첫 번째 자동차는 두 번째 자동차보다 1년 더 전에 교차로에 도착할 것이다. 이것은 역설을 만든다. 자동차에 탄 승객 관점에서 그들은 충돌했다. 하지만 당신은 한 자동차가 다른 자동차가 출발하기도 전에 충돌 지점에 다다르는 것을 보았다! 우리가 진정한 사건을 볼 수 있는 우주에서 살고 있다면, 이 역설을 피하는 유일한 방법은 빛의 속도에 자동차의 속도를 더하지 않는 것이다.[3]

이 논리를 얼마든지 더 생각해도 좋지만, 결론은 분명하다. 일상생활에서 우리는 빛이 현실의 이미지들을 전한다고 생각한다. 두 자동차가 충돌하면, 우리는 어디에서 보든 얼마나 멀리서 보든 모든 관찰자가 충돌을 똑같은 방식으로 봐야 한다고 기대한다. 하지만 우리의 생각 실험이 보여 주듯, 우리가 사건을 똑같이 보려면 빛의 속도가 절대적이라는 사실을 인정해야 한다.

---

3) 빛을 보는 대신 충돌하는 자동차들에서 나오는 일종의 입자들(예: 중성미자)을 관찰한다면, 이 역설 때문에 곤란할 일은 없음을 지적하고 싶다. 입자들을 관찰하는 경우, 우리는 서로 다른 관점에서 보는 사건이 달라 보일 수 있다는 사실에 놀라지 않을 것이다. 자동차의 속도에 입자의 속도를 더해야 하는 것으로 기대할 것이기 때문이다. 빛을 관찰할 때 우리는 자동차의 속도에 빛의 속도를 더해야 한다는 생각과 함께 빛이 현실을 보여 주리라 동시에 기대하기 때문에 곤란을 겪는다. 본질적으로, 이 역설은 빛의 속도를 더하는 것과 빛이 현실을 보여 주는 것을 동시에 기대할 수는 없음을 보여 준다.

그러므로 당신이 음모론을 생각하고 있다면, 다음 두 가지 중에서 선택할 수 있다. 당신은 특수 상대성 이론을 거부하기로 선택한다. 하지만 그렇게 하면 빛은 사건이 실제 일어나는 바를 보여 준다는 그 상식을 버려야만 한다. 다른 선택은 특수 상대성 이론과 그것의 놀라운 결과들을 모두 받아들이면서 또 특수 상대성 이론이 느린 속도에 기초한 상식이 말해 온 바와 모순되지 않는다는 사실에 안심하는 것이다. 지금까지 함께 보아온 특수 상대성 이론을 뒷받침하는 많은 증거를 고려하면, 선택은 어렵지 않아 보인다.

▌상대성 이론 이해하기

당신이 상대성 이론을 진짜라고 받아들인다고 가정하면, 이제 그것을 이해하는 문제로 돌아갈 시간이다. 사실, 별로 할 일은 없다. 이제껏 이야기해 왔듯이 상대성 이론은 우리가 일상생활에서 경험하는 바에 눈에 띄는 영향을 주지 않는다. 위아래의 진정한 의미가 아이가 침대 위에서 뛸 때 어떤 일이 벌어질지에 별 영향을 주지 않는 것과 마찬가지다. 그러므로 상대성 이론을 이해하는 요령이 있다면, 지구가 둥글다는 사실을 배운 후 위아래에 대한 상식을 넓힐 때 적용했던 요령과 같을 것이다. 즉, 당신을 찜찜하게 하는 점을 살펴보는 것이다.

대부분의 사람에게 상대성 이론의 기본적인 아이디어는 크게 찜찜하지 않다. 생각해 보면, 결코 경험하지 않을 속도에서만 느낄 수 있는 눈에 띄는 시간 지연이나 질량 증가 같은 것들에 찜찜해 할 이유가 없지 않은가? 정말 찜찜한 점은 대개 역설들로, 특히 우리가 이 장에서 맞닥뜨렸던 당신과 알이 서로 상대방의 시간이 느리게 가고 있다고 주장한 역설 같은 것이다. 앞에서 이 역설을 해결하긴 했지만, 당신은 아직도 그것이 어떻게 가능한지 의아해하고 있을지도 모른다.

이 문제를 해결하도록 돕기 위해, 밖으로 나가 간단한 질문에 대답해 보라. 지금 해가 떠 있는가? 그렇다고 치자. 그래서 당신은 "그렇다"라고 대답한다. 다음, 내가 당신과 논쟁을 하기로 마음먹고 해가 떠 있지 않다고 주장한다고 가정해 보자. 처음에 당신은 내가 제정신이 아니라고 생각할 것이다. 하지만 당신이 전화기를 들고 내게 전화를 했는데, 내가 아주 이성적인 목소리로 태양이 떠 있다고 하는 말은 틀렸다고 주장한다고 상상해 보라. 다음, 당신은 현명한 아이디어를 생각해 낸다. 휴대전화로 해가 떠 있는 사진을 찍어 나에게 보낸다. 논쟁에서 승리했다고 선언하려는 찰나 나도 내 휴대전화로 찍은 사진을 당신에게 보냈다. 사진은 분명 밤이고 해가 떠 있지 않음을 보여 준다.

당신이 어린아이라면 이 논쟁은 전혀 말이 되지 않는다고 할지도 모른다. 하지만 당신은 이제 이해할 수 있을 것이다. 당신과 내가 지구의 반대편에 있어서 당신에게는 낮이고 내게는 밤이라면 말이다. 다시 말해, 우리는 둘 다 똑같은 물리적 현실(즉, 우주에서 태양의 실제 위치)에 대해 이야기하고 있지만, 둥근 지구의 다른 장소에서 관찰하고 있기 때문에 해가 떠 있는지 아닌지에 대해 다른 대답을 하고 있는 것이다.

마찬가지로, 당신과 알 사이의 논쟁은 시간과 공간을 절대적인 것으로 생각하고, 빛의 속도는 상대적인 것으로 기대하는, 즉 공의 속도나 자동차의 속도처럼 다른 속도에 더해야 하는 것으로 기대하는 옛 상식을 기초로 하기 때문에 생긴다. 상대성 이론은 우리가 반대로 생각하고 있다고 말해 준다. 절대적인 것은 빛의 속도이며, 시간과 공간은 상대적이라는 것이다. 일단 (우리의 새 상식인) 이 간단한 아이디어만 받아들이면, 당신과 알이 누구의 시간이 느리게 흐르고 있는가에 대해 논쟁하는 것은 지구의 서로 반대편에 있는 두 아이가 낮인지 밤인지에 대해 논쟁하는 것처럼 놀라운 일이 아니다.

어린아이였을 때 위아래에 대한 새로운 상식에 익숙해지는 데 시간이 걸렸듯이, 시간과 공간에 대한 새로운 상식에 익숙해지는 데도 시간이 필요할지도 모른다. 하지만 이제 목표를 안다. 과거 둥근 지구가 의미하는 바를 이해했듯이 빛 속도의 절대성이 의미하는 바를 이해하는 것이다. 한편, 새로운 상식을 받아들이게 될 때까지, 중요한 것은 결과라는 점을 기억하라. 당신이 행하는 모든 실험은 알이 행하는 모든 실험과 모순되지 않는 결과를 낼 것이다. 당신과 알, 둘 다 동일한 시공간의 현실에서 살며, 둘 다 어느 사건을 목격하더라도 모호하지 않은 분명한 현실에 동의할 것이다. 이것은 빛의 속도를 절대적이라고 생각하지 않을 때 마주치는 역설들에 비해 분명 향상된 것이다. 특수 상대성 이론은 아직도 놀랍게 보일지 모르나 사실 우주를 더 잘 이해하게 해 준다.

WHAT IS

【Ⅲ】
아인슈타인의 일반 상대성 이론

RELATIVITY?

5. 뉴턴의 불합리성

특수 상대성 이론은 우주의 많은 측면을 더 잘 이해하게 해 주었을 뿐만 아니라 앞서 이야기했던 전자기 공식의 문제를 포함하여 물리학에서 여러 중요하고 잘 알려진 문제들도 해결했다. 당시 많은 물리학자가 이들 문제를 연구해 오고 있었고, 아인슈타인 외에 몇몇도 옳은 해결책을 향해 범위를 좁혀 나가고 있었다.

하지만 일반 상대성 이론은 다르다. 대부분의 과학 역사가가 생각하듯이 아인슈타인이 없었더라면 일반 상대성 이론은 수년이 더 지나도 발견되지 못했을 것이다. 아인슈타인이 성공한 부분적인 이유는 문제에 대한 그의 접근방식이었다. 그는 제대로 맞아 들어가는 해결책만 찾은 것이 아니라 우주의 근본적인 단순함을 드러내 주는 해결책을 추구했다. 다시 말해, 아인슈타인은 우주가 본질적으로 단순하다고 믿었다. 많은 과학자도 자연이 근본적으로 단순하다는 믿음을 가지고 있긴 했지만, 왜 그런지 그 이유에 대한 과학적 설명을 제시하지 못했다. 그런 의미에서, 이 믿음은 과학이라기보다 신념이었다. 그렇지만 한 가지 핵심은 또 완전히 과학적이었다. 즉, 이 믿음이 신념이기 때문에 자연이 단순하지 않다는 증거가 나오면 과학자들은 이 믿음을 수정하고 새로운 자료를 받아들여야 했다.

어쨌든 대부분의 다른 과학자는 특수 상대성 이론이 잘 알려진 문제들을 해결했기 때문에 그것에 만족했던 반면, 아인슈타인은 아직도 그것이 완전하지 못하다고 느꼈다. 그는 사고 실험과 계산을 계속하면서 해결책을 요구하는 허점들을 메울 방법을 찾았다. 모든 세부 사항들을 완성하는 데 꼬박 10년이 걸렸다. 그래서 나온 최종 결과물이 1915년에 발표한 일반 상대성 이론이었다.

일반 상대성 이론은 특수 상대성 이론의 허점들을 메웠을 뿐만 아니라 우리가 중력을 이해하는 방식을 완전히 새로 다시 정의했다. 일반 상대성 이론은 아인슈타인의 가장 위대한 업적으로 간주되며, 또 궁극적으로 그를 유명하게 만들어 준 이론이었다. 흥미롭게도, 일반 상대성 이론의 많은 예측은 과학자들(과 심지어 아인슈타인 자신)에게 커다란 놀라움으로 다가왔지만, 뉴턴의 오래된 중력 이론에서 발견된, 이미 알려져 있던 몇 가지 문제도 해결해 주었다. 실제로, 일반 상대성 이론은 다름 아닌 아이작 뉴턴 경 자신이 크게 골머리를 앓던 문제를 해결해 주었다.

┃ 유령의 원격 작용

우리는 떨어지는 물체 등 중력의 효과들에 너무 익숙한 나머지 중력이 간단한 개념이라고 생각한다. 하지만, 아니다. 과학자들이 "하지만 중력이 뭐죠?"라고 묻는 아이의 질문에 당황하는 것만 봐도 알 수 있다. 인간의 역사 대부분 동안 중력은 지구에서만 작용하는 어떤 것으로 생각되었으며, 하늘은 지구와 별개의 영역 그래서 알 수 없는 영역으로 간주되었다. 그러다가 1666년 떨어지는 사과가 뉴턴에게, 자신의 표현을 빌리자면, '영감의 순간'을 제공했다. 이 영감의 순간에, 그는 달이 지구 주위를 돌게 하는 힘과 사과를 땅에 떨어지게 하는 힘은 같다는 사실을 문득 깨달았다. 그로부터 오래지 않아 그는 미적분학을 써서 중력의 힘이 태양 주위를 도는 행성들의 모든 알려진 움직임을 설명해 줄 수 있음을 보여 주었다(그는 주로 이것을 설명하려고 미적분학을 개발했다).

뉴턴이 말한 만유인력의 법칙은 두 물체 사이에 작용하는 중력의 힘을 계산하게 해 주는 간단한 공식이다. 만유인력의 법칙은 총중력은 두 물체의 질량의 곱과 두 물체 사이의 거리의 역제곱에 따라 달라진다고 말한다. 역제곱이란 다시 말해, 두 물체 사이의 거리가 3이면 이들 사이의 중력은 $3^2 = 9$배('제곱')만큼 적어진다('역')는 것이다. 중력은 두 물체의 질량의 곱에 비례하고, 두 물체 사이의 거리의 제곱에 반비례한다.

중력의 법칙과 다른 아이디어, 예컨대 뉴턴의 운동 법칙(관성의 법칙, 운동 방정식, 작용과 반작용의 법칙)을 함께 이용하여, 뉴턴은 우리에게 몸무게가 있는 이유에서부터 돌이 낙하하는 이유와 행성들이 궤도를 도는 이유에 이르기까지 광범위하고 다양한 현상을 성공적으로 설명하는 중력 이론을 만들었다. 이 이론은 최소한 대부분의 상황에서 너무나 잘 들어맞아서 그 타당성에 대해 의심의 여지가 거의 없었다. 뉴턴의 중력 이론 중 가장 괄목할 만한 성공에는 망원경으로 발견하기도 전에 해왕성의 존재와 위치를 예측한 것, 우주선의 이동 경로와 그 정확한 착륙 지점을 알아낸 것 등이 있다.

하지만 생각해 보면, 뉴턴의 중력 이론에는 매우 이상한 점이 있었다. 지구가 태양 주위를 도는 것을 생각해 보자. 우리는 지구를 그 궤도에 잡아 두는 중력의 힘을 쉽게 계산해 낼 수 있다. 하지만 정확히 어떻게 지구는 태양이 거기 있으며 그래서 또 그 주위를 돌아야 하는지를 알까? 지구는 시각이나 청각 같은 감각도 없고, 지구를 태양에 잡아 두는 눈에 보이는 끈 같은 것도 없지 않은가? 뉴턴의 법칙에 표현된 대로, 중력은 과학자들이 말하는 '원격 작용'을 하고 있는 듯 보인다. 눈에 보이지 않는 유령이 그 힘을 즉각 광대한 우주를 가로질러 이동시키는 것처럼 말이다. 뉴턴 자신도 다음과 같이 썼다.

> 한 물체가 진공을 통해 멀리 있는 다른 물체에 영향을 미칠 수 있다… 힘이 한 물체에서 다른 물체로 옮겨질 수 있다는 사실은 너무나 불합리하게 생각되기 때문에 괜찮은 사고 능력을 갖춘 사람은 아무도 이것을 믿지 않을 것 같다.[1]

---

1) 뉴턴의 편지, 1692-1693, 휠러(J. A. Wheeler)가 <중력과 시공으로의 여행(A Journey Into Gravity and Spacetime)> (Scientific American Library, 1990)에서 인용했다.

그러므로 이제 당신은 이 장의 제목 '뉴턴의 불합리성'이 바로 그 자신의 중력 이론이었음을 이해할 것이다. 뉴턴의 중력 이론은 성공적이긴 했지만, 뉴턴은 중력 이론의 이치를 이해하지 못했다. 그리고 이상하게도, 다른 사람들도 뉴턴처럼 찜찜해 했지만 다음 200년 동안 이에 대해 크게 문제를 제기한 사람은 없었다. 하지만 확실히 아인슈타인은 찜찜해 했다. 실제로 나중에 양자역학에서 한 곳에 있는 입자가 어떤 경우 다른 곳에 있는 입자에게 즉각적으로 영향을 미칠 수 있다고(2장에서 짧게 언급한 '양자얽힘') 주장하자, 아인슈타인은 이 주장을 '유령의 원격 작용'이라고 조롱했다. 이 사실을 염두에 둔다면, 아인슈타인이 일반 상대성 이론을 통해 중력에 대한 새로운 시각을 제공했을 때 뉴턴의 불합리성이 사라졌다는 사실은 놀랍지 않을 것이다.

| 우주 탐험가들

이 장과 다음 장에서 내가 겨냥하는 주요 목표는 일반 상대성 이론이 제시하는 중력에 대한 새로운 시각을 당신이 이해하도록 돕는 것이다. 특수 상대성 이론에서와 마찬가지로, 당신은 한 걸음 한 걸음 이해를 쌓아가야 한다. 그 시작으로, 탐험가들을 생각하며 간단한 사고 실험을 한 번 해 보자.

당신과 주위의 모든 사람이 지구가 평평하다고 믿고 있다고 상상해 보자. 부유한 당신은 과학의 후원자로서 세계 먼 곳들로 가는 탐험가들을 후원하기로 결정한다. 당신은 두 용감무쌍한 탐험가를 선택하여 그들에게 신중하게 지시를 내린다. 둘은 완벽하게 일직선인 경로를 따라서 여행하되, 각각 반대 방향으로 가라고 한다. 당신은 각각에게 육지 여행을 위해서는 이동식 주택을 제공하고, 바다 여행을 위해서는 배를 제공한다. 그리고 '놀라운 뭔가'를 발견한 후에만 돌아오라고 말한다.

시간이 흐른 뒤 두 탐험가는 돌아온다. 당신은 묻는다. "놀라운 뭔가를 발견했는가?" 놀랍게도 둘은 한목소리로 대답한다. "예. 하지만 우리는 똑같은 것을 발견했습니다. 우리는 서로 반대 방향으로 완벽하게 일직선을 따라 여행했는데도 불구하고 서로 마주쳤습니다."

당신이 진정 지구를 평평하다고 믿는다면 이 발견은 매우 놀랍겠지만, 우리는 지구가 둥글다는 사실을 알기 때문에 놀라지 않는다. 그림 5.1이 보여 주듯이, 두 탐험가가 따라간 '일직선'은 사실 지구를 따라 둥근 곡선을 그리는 길이라 두 사람은 만나게 된다. 어떤 의미에서 두 탐험가는 가능한 한 가장 일직선인 경로를 따라갔지만, 지구 표면이 둥글기 때문에 이들 경로는 둥글 수밖에 없다.

이제 좀 더 현대적인 시나리오를 생각해 보자. 당신은 우주선 안에서 자유로이 떠 있다. 부근의 우주에 대해 더 많이 알고자 희망하며 당신은 두 탐험가를 각각 두 탐사선에 태워 서로 반대 방향으로 보낸다. 두 탐사선은 움직이기 시작하도록 서로 약간 밀어 준 것 외에는 엔진을 전혀 가동하지 않아 그들은 완전히 일직선으로 당신에

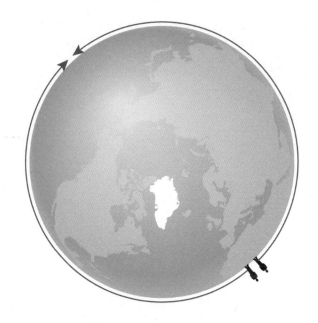

그림 5.1
지구상에서 반대 방향으로 '똑바로' 간 두 여행자는 지구 반대편에서 만날 것이다. 우리는 지구 표면이 둥글다는 사실을 알기 때문에 놀라지 않는다.

게서 멀어진다. 얼마 후, 당신은 두 탐험가로부터 자신들이 방금 서로를 지나쳤다는 무전 메시지를 받는다! 어떻게 그럴 수 있는가? 두 사람은 반대 방향으로 떠났는데 말이다.

사실, 이것은 우주선 안에 자유로이 떠 있으면서 지구 주위를 돈다면 매우 자연스럽게 일어날 수 있는 일이다. 예를 들어, 그림 5.2가 보여 주듯 우주정거장에서 서로 반대 방향으로 간 두 탐사선은 지구 반대편에서 서로 만날 것이다. 뉴턴 시대 이래로 우리는 대개 탐사선들의 둥근 경로는 지구의 중력이 '원격으로 작용'했기 때문이라고 설명

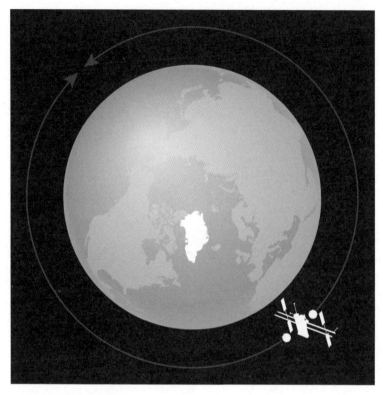

그림 5.2
지구 궤도에서 서로 반대 방향으로 출발한 두 우주 탐사선은 그림 5.1의 탐험가들과 거의 똑같은 방식으로 서로 만나게 될 것이다. 하지만 우리는 대개 두 탐사선이 만나는 이유는 지구 중력이 '원격으로 작용'했기 때문이라고 그림 5.1의 경우와는 완전히 다른 답을 내놓는다. 하지만 진짜 이유는 지구 표면이 둥근 것처럼 우주도 둥글기 때문이 아닐까?

해 왔다. 하지만 그림 5.1과 5.2의 경로가 아주 비슷한 점에 유의하라. 지구에서 반대 방향으로 여행한 탐험가들에서 유추하여 우리는 우주가 둥글기 때문에 탐사선들이 만난다고 결론 내릴 수 있을까?

바로 이 아이디어가 아인슈타인의 일반 상대성 이론의 핵심이다.

하지만 이것을 이해하기 전에, 우리는 다시 운동의 상대성에 대해 더 깊이 생각해 보아야 한다.

▎상대성 이론에서 상대적인 것은 언제나 상대적인가?

상대성 이론이라는 이름은 모든 운동은 상대적이라는 아이디어에서 따왔음을 상기하라. 나이로비에서 키토로 가는 비행기가 증명했듯이(그림 2.1 참조), '누가 진정 움직이고 있는가?'에는 절대적인 답이 없다. 우리가 말할 수 있는 것은 지구에 대해 상대적으로 비행기가 움직이고 있다는 것이다. 하지만 서로 다른 기준틀에 있는 관찰자들은 이 상대적인 움직임을 다르게 볼 것이다.

운동은 상대적이라는 아이디어는 아주 간단하고, 우리는 자유로이 떠 있는 기준틀에서 사고 실험을 함으로써 이 아이디어가 어떻게 적용되는지를 살펴보았다. 당신과 알이 각자의 우주선 안에서 자유로이 떠 있을 때, 두 사람은 각각 타당하게 자신이 정지해 있고 상대방이 움직이고 있다고 주장할 수 있다. 하지만 두 사람 중 하나가 자유로이 떠 있지 않을 때는 어떻게 될까? 두 사람은 여전히 자신이 정지 상태에 있다고 주장할 수 있을까? 한번 알아보자.

당신과 알은 둘 다 우주에 자유로이 떠 있다. 그러다가 당신은 갑자기 로켓 엔진을 가동시켜 '1g'의 가속도를 유지하기로 마음먹는다. 1g는 지구에서 물체들이 땅을 향해 떨어지는 가속도와 같다(숫자상, 1g는 9.8m/s²와 같다). 당신이 엔진을 작동시키고 있는 한, 알은 당신이 가속하여 점점 더 빠른 속도로 멀어지고 있는 것을 볼 것이다. 알의 관점에서 볼 때, 알은 여전히 우주선 안에서 정지해 있으므로 당신에게 다음과 같은 무전 메시지를 보낸다.

"안녕, 즐거운 여행 되시길!"

만약 모든 운동이 상대적이라면, 당신은 당신이 정지해 있으며 알이 점점 더 빠른 속도로 멀어지고 있다고 주장할 수 있어야 한다. 그러므로 당신은 이렇게 대답하고 싶을지 모른다. "고맙지만, 나는 어디로도 가고 있지 않아. 멀어지고 있는 건 바로 너야."

하지만 당신이 엔진을 가동시키고 있는 것은 우리의 앞선 사고 실험에서는 없었던 새로운 요소를 더하고 있다. 그림 5.3에서 보듯이 엔진이 발생시킨 힘은 당신을 우주선 바닥으로 밀 것이다. 즉, 당신은 더 이상 무중력이 아닐 것이다. 사실 엔진이 당신에게 가속도 1g 주고 있기 때문에, 이 힘은 지구에서의 정상 체중을 갖고 우주선 바닥을 걸을 수 있게 해 줄 것이다. 그러므로 알이 망원경으로 당신의 우주선을 들여다본다면, 그는 이렇게 반응할 수 있다. "오, 그래? 네가 아무 데로도 가지 않고 있다면 왜 네가 우주선 바닥에 서 있고 왜 엔진은 가동하고 있어? 그리고 네가 주장하는 것처럼 내가 가속하고 있다면 왜 나는 무중력이지?"

당신은 알이 매우 훌륭한 질문들을 했다고 인정해야만 한다. 당신은 정말 가속하고 있는 사람으로 보여서, 정지 상태에 있다고 타당하게 주장할 수 없을 듯하다. 그리고 알이 여전히 자유로이 떠 있다

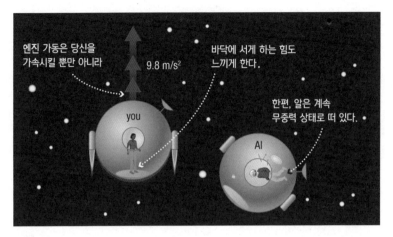

그림 5.3
당신과 알이 둘 다 무중력으로 떠 있을 때는 분명 두 사람 모두 자신이 정지해 있고 상대방이 움직인다고 주장할 수 있었다. 하지만 당신이 우주선의 엔진을 가동시켰을 때 당신은 가속하게 되고(즉, 속도는 점점 빨라진다) 당신에게 무게를 주어 우주선 바닥에 서게 하는 힘도 발생시킨다. 그렇다면 당신은 어떻게 여전히 정지 상태에 있다고 주장할 수 있는가?

는 사실은 그가 가속하고 있다는 당신의 주장과 일관성이 없어 보인다. 왜냐하면 가속은 힘을 동반해야 하기 때문이다. 언뜻 보면, 가속이 개입하면 운동은 더 이상 상대적이지 않은 듯하다.

아인슈타인은 이 점을 썩 달갑게 받아들이지 않았다. 그는 어떤 가속이 개입되든 상관없이 모든 운동은 상대적이어야 하는 것으로 보았다. 아인슈타인의 이 개념을 우리의 사고 실험에 적용하면, 우리는 당신이 우주를 가속해 날고 있다고 가정하지 않으면서도 로켓 엔진을 가동하기 때문에 당신이 느끼는 힘을 설명해야 하는 동시에, 알이 당신에게서 멀어지고 있다는 당신의 주장에도 불구하고 알이 무중력 상태인 점을 설명할 방법이 필요하다는 의미다.

| 아인슈타인을 가장 행복하게 만든 생각

　특수 상대성 이론을 완성한 지 2년이 막 지난 1907년, 아인슈타인은 후에 '내 인생에서 가장 행복한 생각'이라고 부르게 된 생각이 떠올랐다. 그의 행복한 생각을 이해하기 위해, 다시 당신이 가속하고 있는 우주선으로 돌아가야 한다. 우주선이 1g의 가속도로 우주를 날고 있을 때, 당신은 지구에서의 정상 체중으로 앉고 서고 걸어 다닐 수 있을 것이다. 공을 던져 올린다면, 당신의 관점에서 볼 때 공은 지구에서 그러듯이 다시 떨어질 것이다. 사실 우주선의 창문을 모두 가리면, 우주선 안의 모든 것은 지구에서 집 안에 있는 것과 똑같을 것이다. (그림 5.4)

당신은 지구에서 커튼을 친 방에 있는 것과

우주에서 1g 으로 가속하고 있는 커튼 친 방에 있는 것과의 차이를 느끼지 못할 것이다.

$9.8 \, m/s^2$

그림 5.4
가속도의 효과는 중력의 효과와 똑같이 느껴진다.

당신이 아인슈타인 시대에 살던 물리학자라면, 아인슈타인의 행복한 생각에 대한 당신의 첫 반응은 '당연하지'일지 모른다. 뉴턴의 시대부터 중력의 효과와 가속도의 효과는 똑같이 느껴진다는 사실이 잘 알려져 있었기 때문이다. 하지만 이 사실을 좀 더 깊이 생각한 많은 과학자에게 이것은 꽤나 놀라운 우연의 일치로 보였다. 갈릴레오가 발견한 (공기의 저항을 무시하면) 지구에서 모든 물체는 똑같은 가속도로 떨어진다는 유명한 사실을 생각해 보자. 서로 다른 질량을 가진 물체가 떨어질 때의 가속도 이외의 다른 힘들, 예컨대 물체들을 던질 때의 힘을 적용한다면, 질량이 큰 물체를 가속시키는 것이 질량이 작은 물체를 가속시키는 것보다 더 힘들다. 그래서 투포환 경기에 쓰는 쇠공 던지기가 야구공 던지기보다 더 힘들다. 하지만 중력의 경우, 가속도는 질량에 관계없이 정확히 똑같다.[2]

상대성 이론 이전의 관점에서 보면 마치 자연이 2개의 상자, 즉 '중력의 효과'라고 적힌 상자와 '가속도의 효과'라고 적힌 상자를 보여 주는 것과 같았다. 과학자들은 두 상자를 흔들어도 보고 무게도 재보고 발로 차보기도 했지만, 둘 사이의 차이점을 발견하지 못했다. 그래서 결론지었다. "이상한 우연의 일치지만, 두 상자는 다른

---

2) 수학적으로, 이 우연의 일치는 뉴턴의 제2법칙인 힘(f) = 질량(m) X 가속도(a)를 적용할 때 생긴다. 대부분의 힘은 물체의 질량에 의존하지 않는다. 예를 들어, 전자기력은 질량과 상관없는 전하에 의존한다. 하지만 중력을 뉴턴의 제2법칙의 힘으로 사용할 때는 물체의 질량이 등식의 양편에 모두 나타나므로 상쇄된다. 그래서 물체의 가속도는 질량에 의존하지 않는다. 이 때문에, 이 우연의 일치는 때로 '중력 질량'(뉴턴의 제2법칙 등식의 왼편 중력의 힘에 나타나는 질량)이 '관성 질량'(등식의 오른편 가속도 옆에 나타나는 질량)과 같다는 사실로 나타난다. 아인슈타인 이전에는 왜 중력 질량과 관성 질량이 같은 값인지 그 이유를 알지 못했다.

것을 담고 있는데도 불구하고 겉으로 보기에는 똑같다.” 아인슈타인이 밝힌 내용은 본질적으로, 두 상자를 보고 전혀 우연의 일치가 아니라고 말한 것이다. 아인슈타인은 두 상자가 똑같은 것을 담고 있기 때문에 겉으로 보기에도 똑같이 보인다고 말했다.

이 놀라운 아이디어를 등가 원리(equivalence principle)[3]라고 한다. 좀 더 정확히 말하면, 중력의 효과는 가속도의 효과와 정확히 같다. 이 원리와 함께 모든 운동의 상대성은 지켜진다. 당신이 엔진을 가동해서 멀어지고 있는 것을 지켜보던 알의 질문으로 되돌아가 답을 해 보자.

알의 첫 번째 질문은 당신이 자유로이 떠 있지 않고 대신 무게를 주어 우주선 바닥에 서게 하는 힘을 느끼고 있는데 어떻게 정지 상태에 있다고 주장할 수 있느냐였다. 등가 원리를 들며 당신은 중력 때문에 무게를 느낀다고 주장할 수 있다. 즉, 당신은 당신 주위의 공간이 우주선 바닥 쪽인 ‘아래로’ 향하는 중력장으로 채워져 있다고 주장할 수 있다.

알의 다른 질문은 당신이 정지해 있다면 왜 엔진을 가동시키고 있는가와 당신의 주장처럼 알이 당신으로부터 멀어지고 있다면 그는 왜 무중력 상태인가였다. 두 질문 모두 이제 쉽게 대답할 수 있다.

---

3) 엄밀히 말하면, 이 등가 원리는 작은 공간 영역에서만 유지된다. 넓은 영역에서는, 예컨대 행성과 같은 큰 물체의 중력은 가속도가 아닌 다른 이유에 의해 달라진다. 예를 들어, 이러한 달라짐은 행성의 중력이 우주선을 가속할 때는 생기지 않는 조석력을 발생시키는 이유를 설명해 준다.

알은 중력장 속을 자유 낙하하고 있기 때문에 무중력이다. 자유 낙하하는 사람은 언제나 무중력이기 때문이다.[4] 당신의 엔진은 알처럼 자유 낙하하지 않기 위해서 가동시키고 있는 것이다.

요약하면, 등가 원리는 지금 상황이 당신은 절벽 위에 떠 있고 알은 절벽에서 떨어지는 상황과 마찬가지라고 주장할 수 있게 해 준다(그림 5.5). 즉, 당신은 알에게 이렇게 대답할 수 있다. "미안, 알. 하지만 여전히 난 네가 거꾸로 생각하고 있다고 말하겠어. 나는 엔진을 가동시켜 내 우주선이 낙하하는 것을 막고 있고, 중력 때문에 체중을 느껴. 너는 자유 낙하하고 있기 때문에 무중력인 거야. 네가 이 중력장의 바닥에 떨어져 다치지 않길 바랄게!"

물론, 그림 5.5를 보면 그래도 문제가 남은 것처럼 보일지 모른다. 즉, 당신이 느낀다는 중력을 발생시킬 절벽이나 행성이 어디에 있는가? 보다 일반적으로 말해서, 중력의 효과와 가속도의 효과는 같다고 말하기는 쉽지만, 둘은 분명 같지 않아 보인다는 것이다. 따지고 보면, 지구 표면에 서 있는 사람과 우주 속을 점점 더 빠른 속도로 날고 있는 사람을 같다고 보기는 힘들지 않은가?

보통 중력과 가속도가 이렇게 달라 보이는 이유는 아인슈타인을 가장 행복하게 만든 생각의 핵심으로 우리를 데려간다. 아인슈타인

---

4) 자유 낙하는 왜 무중력인지 궁금해할 경우를 위해 설명한다. 아주 높은 받침대 위에 저울이 있고, 당신이 그 저울 위에 서 있다고 상상하라. 받침대가 온전히 있는 한 당신의 발은 저울을 누를 것이고, 그러면 저울은 당신의 정상 체중을 가리키고 있을 것이다. 하지만 아주 높은 받침대가 부러지면 당신과 저울은 자유 낙하한다. 발은 더 이상 저울을 누르지 않을 것이고, 그것은 저울이 영(0)을 가리킴을 의미한다. 즉, 당신은 무중력이 되는 것이다.

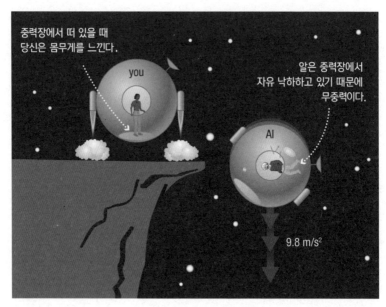

중력장에서 떠 있을 때
당신은 몸무게를 느낀다.

you

앝은 중력장에서
자유 낙하하고 있기 때문에
무중력이다.

AI

9.8 m/s²

그림 5.5
당신은 엔진을 가동시켜 절벽 위에 떠 있을 수 있지만, 앝은 자유 낙하한다. 당신은 정지해 있고 중력 때문에 몸무게를 느낄 것이다. 앝은 아래로 가속하고 있으므로 무중력이다. 등가 원리에 따르면, 당신은 행성이나 절벽이 없더라도 이와 같은 상황이라고 주장할 수 있다.

은 중력의 효과와 가속도의 효과가 똑같게 느껴진다고 말하지 않았다. 앞에서 이야기했듯이, 그건 모두들 이미 알고 있었다. 아인슈타인은 그 둘이 똑같다고 말했다. 그러므로 아인슈타인에 따르면, 그 둘이 다르게 보인다면 그것은 우리가 그림 전체를 보지 못하기 때문에 그런 것이다. 우리가 놓치고 있는 부분은 무엇인가? 그것은 바로 또다시 등장하는 시공간의 4번째 차원이다. 서로 다른 관찰자는 시간과 공간에 대해 서로 다른 측정치를 내놓을 수 있지만, 시공간은 모두에게 똑같다는 사실을 상기하라. 마찬가지로, 서로 다른 관찰자는 중력과 가속도를 달리 인식할 수 있지만, 시공간에서는 둘이 똑같아 보임을 발견할 것이다.

┃ 시공간에서의 등가

우리는 이제 일반 상대성 이론의 핵심에 다다른다. 즉, 중력의 효과와 가속도의 효과가 4차원 시공간에서 어떻게 같아 보일 수 있는지를 이해하는 것이다. 그러려면 물체들이 시공간에서 취할 수 있는 여러 종류의 경로를 머릿속에 그려볼 방법이 필요하다. 간단한 예부터 시작해 보자.

그림 5.6의 왼쪽에 나와 있듯이, 당신이 집에서 직선 도로를 따라 직장까지 자동차를 타고 간다고 가정하자. 오전 8시, 당신은 집을 떠나서 시속 60킬로미터로 가속한다. 그리고 빨간 불에 이를 때까지 이 속도를 유지하다가 빨간 불에서 감속하여 멈춘다. 신호등이 녹색으로 바뀌면 당신은 다시 시속 60킬로미터로 가속하여 계속 그 속도로 가다가 8시 10분 직장에 도착하자 감속하여 멈춘다.

당신의 이 이동은 시공간에서 어떻게 보일까? 시공간의 4개 차원을 모두 볼 수 있다면, 우리는 3차원의 자동차가 이동 시간 10분에 걸쳐 뻗은 경로를 따라가는 것을 볼 것이다. 우리는 4개 차원을 동시에 머릿속에 그릴 수는 없지만, 이 경우는 특수한 상황이다. 즉, 당신은 일직선 도로를 갔기 때문에 당신의 이동은 공간의 오직 1개 차

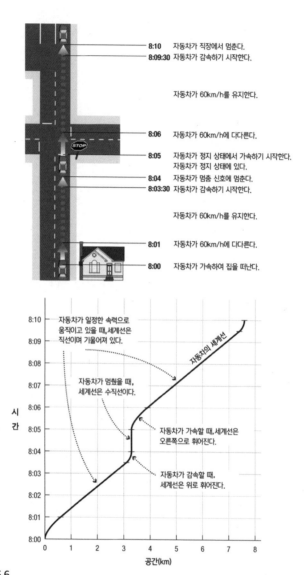

그림 5.6
(위) 이 도표는 자동차가 일직선 도로를 따라 집에서 직장까지 이동하는 모습을 보여 준다. 자동차의 운동이 변화할 때의 모든 장소와 시간을 보여 준다. (아래) 이 이동을 시공간 도표에 나타냈다. 공간은 수평축이고, 시간은 수직축이다.

원을 따라서 진행되었다. 그러므로, 그림 5.6의 아래쪽 그림처럼 우리는 시공간에서의 당신의 이동을 공간의 한 개 차원을 수평축으로 삼고 시간을 수직축으로 삼은 그래프로 그릴 수 있다. 이러한 유형의 그래프를 시공간 도표(spacetime diagram)라고 하고, 시공간 속을 가는 물체의 경로를 세계선(worldline)이라고 한다.

당신의 이동을 그린 시공간 도표의 세계선은 3가지 중요한 특징을 드러낸다. (1) 당신의 기준틀에서 물체가 멈췄을 때(정지 상태)의 세계선은 수직선이다. 즉, 공간에서는 움직이지 않고 시간에서만 곧장 위로 간다. (2) 당신의 기준에서 물체가 일정한 속력으로 움직일 때의 세계선은 직선이지만 기울어 있다. 각 시간 단위에 대해 일정한 양의 거리를 움직이기 때문이다. (3) 물체가 가속하거나 감속할 때의 세계선은 곡선이다. 각각의 경과하는 초마다 움직이는 거리의 양이 변하기 때문이다.

우리는 이들 아이디어를 이용해 운동의 상대성을 살펴볼 수 있다. 우리는 당신과 알이 둘 다 자유로이 떠 있으면서 서로 상대방이 움직이고 있다고 보는 특수 상대성 이론 사고 실험부터 시작할 것이다. 그림 5.7의 왼쪽은 당신이 이 상황에서 시공간 도표를 어떻게 그릴지를 보여 준다. 당신은 당신 자신이 정지 상태에 있다고 생각하므로 당신 자신의 세계선은 수직선이고, 알의 세계선은 직선이면서 기울어 있다. 알은 일정한 속력으로 당신 옆을 움직이고 있기 때문이다.

오른쪽 그림은 알이 그릴 시공간 도표다. 알 자신의 세계선은 수

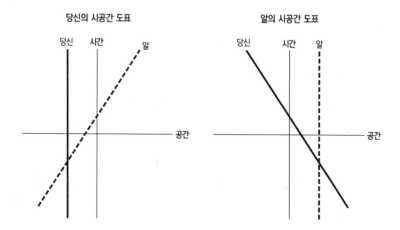

그림 5.7
당신과 알이 서로 상대적으로 움직이고 있고 둘 다 우주선 안에서 자유로이 떠 있을 때, 알의 시공간 도표는 당신의 시공간 도표를 약간 회전시킨 것에 불과하다. 당신과 알, 둘 다 세계선의 상대적인 배치에 동의한다는 사실은 시공간 현실을 반영하고 있고, 둘 다 각각 시간 축과 공간 축을 다르게 배치했다는 사실은 두 사람의 시간 및 공간 측정이 다른 이유를 설명해 준다.

직선이고 당신의 세계선은 기울어 있다. 두 그래프에서 두 세계선(당신의 것과 알의 것)을 기준으로 시간 축과 공간 축이 서로 다른 방향에 있다는 사실은, 당신의 공간 측정이 알의 공간 측정과 다르고 당신의 시간 측정이 알의 시간 측정과 다른 이유를 설명해 준다. 하지만 임의적으로 선택한 좌표계일 뿐인 두 축을 무시하고 볼 때 두 도표는 사실 동일하다. 책 페이지를 약간만 돌리면 서로 겹쳐짐을 알 수 있다. 두 도표가 동일하다는 사실은 시공간의 현실은 당신과 알, 둘에게 모두 똑같다는 의미다.

이제 이 장에서 했던 사고 실험으로 돌아가 보자. 당신은 엔진을 가동시키고 있고, 알은 당신이 그에게서 멀어지고 있는 것을 본다.

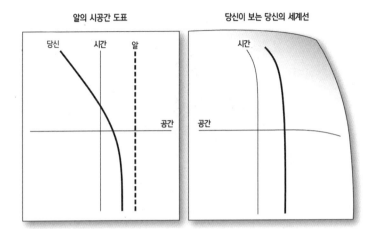

알의 시공간 도표   당신이 보는 당신의 세계선

그림 5.8
(왼쪽) 당신이 가속하여 우주를 날 때, 알이 그의 시공간 도표에 그리는 당신의 세계선은 곡선일 것이다. (오른쪽) 등가 원리에 따르면, 당신은 중력장 안에서 정지 상태에 있다고 주장할 수 있고, 그러면 당신은 당신의 세계선을 직선으로 그리려 할지 모른다. 그러면 당신과 알은 어떻게 시공간 현실에 대해 의견 일치를 볼 수 있을까?

알의 관점에서 볼 때, 그 자신의 세계선은 앞선 경우와 똑같다. 하지만 알은 그림 5.8의 왼쪽처럼 당신이 가속했기 때문에 당신의 세계선이 곡선이라고 주장할 것이다. 이제 당신의 관점에서 그린 시공간 도표를 보자. 당신은 중력장 안에서 정지 상태에 있다고 주장하고 있기 때문에, 자유로이 떠 있는 기준틀에서와 마찬가지로, 당신의 세계선을 수직선으로 그리고 싶을지 모른다. 그러면 그림 5.8의 오른쪽처럼 직선을 그려 보라.

당신이 해야 할 일은 다음과 같다. 특수 상대성 이론에서 배운 바에 따르면, 시공간 현실은 오직 하나이고 모두가 이 현실에 동의해야만 한다. 그러므로 시공간에서 당신과 알은 세계선의 모양에 대해 의견 일치를 봐야만 한다. 이것은 (그림 5.7처럼) 일정한 속력일 경우에는 쉬웠다. 당신과 알, 모두 두 세계선이 직선이라는 사실에 동의했기 때문이다.

좌표 축들만 달랐을 뿐이다. 하지만 알은 당신의 세계선이 곡선이라고 말하고 있고 당신은 직선으로 그리려고 하는데, 어떻게 모양에 대해 의견 일치를 볼 수 있을까? 그 답은,

두두둥,

두두둥,

바로 종이를 휘는 것이다.

이 답은 너무나 간단하기 때문에 다른 식으로도 한번 설명해 보겠다. 핵심은 시공간 현실은 오직 단 하나라는 것이다. 일직선은 회전시키면 똑같은 모양이 된다. 하지만 곡선과 직선은 다르다. 시공간에서 당신의 세계선이 곡선이라면 그것은 곡선이다. 그것뿐이다. 아인슈타인의 발견, 즉 그를 가장 행복하게 만든 생각은 본질적으로, 곡선인 세계선을 가지는 방법은 두 가지라는 아이디어로 요약된다. 알이 그의 시공간 도표에서 했듯이, 곡선으로 그리거나 휘어진 종이에 '직선'을 그리는 것이다. 어느 식으로 그리든 그 최종적인 모양은 곡선이다.

우리는 마침내 이것을 등가 원리의 측면에서 정리할 준비가 되었다. 알의 관점에서 볼 때, 당신의 세계선은 곡선이다. 당신은 평평한 종이로 나타낸 시공간에서 가속하고 있기 때문이다. 당신의 관점에서 볼 때, 당신은 중력장에서 정지 상태에 있다. 하지만 중력장

은 (시공간을 나타내는) 당신의 종이를 휘게 하고 있다. 다시 말해, 가속도의 효과와 중력의 효과가 같은 이유는 가속도와 중력이 시공간 속을 움직이는 같은 곡선 경로이며 묘사하는 방법만 다를 뿐이기 때문이다. 또는 결정적인 결론을 내리자면, '중력은 시공간의 휘어짐에서 생긴다'.

계속 진행하기 전에, 나는 작은 경고 한 가지를 하겠다. 종이를 휘는 비유는 매우 유용하지만, 시공간의 완벽한 표현은 아니다. 4장에서 언급했듯이 시공간의 실제 기하학적 구조는 우리가 고등학교에서 배우는 기하학보다 더 복잡하다. 그러므로 이 휜 종이 비유를 지나치게 그대로 받아들이면 일부 오해가 생길 수 있다. 시공간을 보다 정확하게 표현하는 방법이 있지만, 그것들은 이 책이 다루는 범위를 벗어나는 수학적 기법(다수는 아인슈타인이 개발했다)을 요구한다.

┃ 유령 퇴치

우리가 방금 이야기한 내용의 중요성은 아무리 강조해도 지나치지 않다. 등가 원리를 통해 아인슈타인은 중력을 완전히 새로운 방식으로 보게 했다.

몇 페이지 뒤로 넘겨 두 우주탐사선이 만나는 그림 5.2를 다시 한번 보라. 이 그림을 확대 복사하여 커다랗고 둥근 샐러드 볼 안에 풀로 붙인다고 상상해 보라.

두 탐사선이 가는 경로는 아직도 서로 반대 방향으로 출발하지만, 이번에는 당신이 원을 그리기 때문에 서로 만나는 것이 아니라 '볼의 모양 때문에 다른 결과가 나올 여지가 없기' 때문에 만난다. 시공간이 실제로 4차원 샐러드 볼처럼 생겼다는 것은 아니지만, 기본적인 아이디어는 같다. 즉, 아인슈타인이 제시한 중력을 보는 새로운 시각은 두 탐사선이 만나는 이유는 지구에서 두 탐험가가 만나는 이유와 똑같은 이유로 만난다고 말하고 있다. 두 경우 모두 가능한 한 일직선으로 가지만 움직이는 공간의 기하학적 구조에 구속받는다.

이 아이디어는 좀 더 깊이 살펴볼 만하다. 지구 자체는 3차원 물체이지만, 지구 표면은 2차원이다. 운동이 가능한 개별 방향이 남-북과 동-서 둘뿐이기 때문이다. 바로 이 2차원적 성격 때문에 과거 사람들은 지구가 평평하다고 생각했지만, 우리는 우주에서 지구를 보지 않아도 지구가 평평하지 않다는 사실을 알 수 있었다. 이 장 앞에서 언급한 탐험가 이야기처럼 우리 조상들도 탐험가들이 관찰한 바를 연구함으로써 지구의 표면이 곡선임을 알아냈다.

일반 상대성 이론이 나오기 전에 우리 조상들이 한때 지구의 표면을 평평하다고 생각했던 것과 마찬가지로 우주도 '평평'하다고 생각했다. 아인슈타인 덕분에, 우리는 이제 고대 탐험가가 지구의 실제 모양을 사람들에게 가르친 것과 마찬가지로 탐사선들이 우리에게 우주(와 시공간)의 실제 모양을 가르치고 있음을 안다.

이 경우, 궤도를 도는 두 탐사선이 만난다는 사실은 지구 주위의 우주가 탐사선들이 '직선' 경로를 가도 자연히 만나게 되는 방식으로 휘어져 있음에 틀림없다고 말해 준다.

우리가 이 휘어짐을 볼 수 없다는 사실은 중요하지 않다. 우리는 궤도 경로를 관찰함으로써 휘어짐을 측정할 수 있다.[5] 더구나 우리는 이 휘어짐의 이유가 지구의 '중력' 때문임을 알고 있다 해도, 탐사선의 움직임은 지구가 있건 없건 관계없다. 탐사선들은 그저 우주의 구조가 허용하는 경로를 따르고 있을 뿐이다.

오래된 뉴턴의 시각으로 볼 때, 중력은 두 물체 사이에서 '원격으로 작용'하는 힘이었다. 일반 상대성 이론을 통해 아인슈타인은 이 작용의 미스터리를 해결했고, 이 작용을 한다고 볼 수 있는 유령을 몰아냈으며, 중력은 시공간의 휨 때문에 일어나는 결과임을 보여줌으로써 뉴턴의 불합리성을 일소했다. 궤도는 더 이상 불가사의한 중력의 힘 때문에 생기는 것이 아니라, 그저 시공간의 휘어진 영역을 가능한 한 일직선으로 가는 경로일 뿐이다.

---

5) 지구의 2차원적 표면이 3차원 공간 속에서 휘어져 있다는 사실에서 유추해 보면, 3차원 공간(과 4차원 시공간)이 어떤 '다른' 차원들 속에서 휘어져 있는지 궁금해할 수 있다. 이에 대한 다소 만족스럽지 못한 답은, 만약 그러한 차원들이 존재한다고 해도 그것들은 아마 지구의 3차원적 성격이 지구 표면을 기어 다니는 개미에게 아무 상관 없는 문제이듯이 우리에게 아무 상도 없을 것이라는 것이다. 즉, 우리는 수학적으로 다른 차원에 의존하지 않고서도 4차원의 휘어진 공간을 계산해 낼 수 있다. 또, 몇몇 현대 물리학 이론이 원자보다 작은 수준에서의 추가적인 차원을 제기하는 것에 익숙한 독자를 위해 덧붙이자면, 이러한 차원들은 시공간 외에 존재하는 '다른' 차원들과는 관계없는 것으로 생각된다.

6.

중력을 다시 정의하다

중력은 시공간의 만곡(彎)에서 생긴다는 아이디어에 익숙해지려면 시간이 좀 걸릴 것이다. 특히, 우리가 머릿속에 그릴 수 있는 그림이 휘어진 종이나 샐러드 볼에 붙인 궤도 경로 등 다소 불충분한 2차원적 비유들이니 말이다. 그렇지만 이 새로운 아이디어의 호소력은 확실하다. 특수 상대성 이론이 우주를 더 잘 이해할 수 있게 해 주었듯이, 일반 상대성 이론도 그렇다. 5장에서 봤듯이, 일반 상대성 이론은 뉴턴의 불합리성을 없애고, 모든 운동은 상대적이라고 볼 수 있게 해 주고(혹은 더 정확하게, 어떤 기준틀에서도 똑같은 답을 갖게 해 준다. 상대성 이론에서는 이를 '일반 공분산(general covariance)이라고 한다), 중력의 효과와 가속도의 효과 사이의 놀라운 우연의 일치는 결국 자연이 근본적으로 단순하기 때문이라고 설명해 준다.

역사를 되돌아볼 때, 아인슈타인이 등가 원리를 생각해 내고 직면했던 가장 어려운 일은 다른 과학자가 등가 원리를 받아들이게 할 방법을 찾는 것이었다. 따지고 보면, 과학의 역사에서 잠시 동안 그럴듯해 보였던 아이디어는 많았다. 등가 원리가 아인슈타인을 '가장 행복하게 만든 생각'이었다는 사실만으로는 과학적 타당성을 입증하기에 충분하지 않았다. 등가 원리를 기초로 해서 완전히 수학적으로 중력을 설명해야 했다. 게다가 뉴턴의 중력 이론이 제시하는 것과는 다른 정량적 예측을 최소한 몇 개 제시해서 실제 관찰이나 실험으로써 뉴턴의 옛 이론에 비해 자신의 새 이론이 더 정확하다는 점을 증명할 수 있어야 했다.

대체로 이렇게 수학적으로 정확하게 설명해야 했기 때문에 그는 처음 등가 원리를 생각해 내고 8년의 시간이 지나서야 일반 상대성 이론을 발표할 수 있었다. 가장 큰 문제는 등가 원리에 기초한 계산이 특수 상대성 이론에 필요했던 계산보다 수학적으로 훨씬 더 어려웠다는 점이었다. 특히 특수 상대성 이론의 모든 주요 결과는 간단한 대수학으로 이끌어 낼 수 있는데 비해, 곡선의 4차원 시공간을 위한 계산은 아인슈타인 이전에는 충분히 탐구되지 않았던 난해한 수학을 요구했다. 실제로 뉴턴이 중력 이론을 설명하려고 미적분학을 발명해야 했던 것과 마찬가지로, 일반 상대성 이론을 계산하려면 새로운 수학 기법의 발명을 요구했다.

이 책에서는 일반 상대성 이론의 수학을 다루지는 않겠지만, 이 수학이 존재한다는 사실을 아는 것이 중요한 이유가 적어도 세 가지 있다. 첫째, 우리의 비유는 완벽하지 않지만 실제 이론은 견고한 수학의 토대 위에 있다는 사실을 알면 의심이 덜할 것이다. 둘째, 나는 많은 사람들이 과학에서 수학이 차지하는 중요성을 과소평가하고 있음을 발견했다. 과학은 아이디어를 근거로 하지만, 이들 아이디어를 시험할 수 있어야 한다는 요건은 거의 언제나 그것들을 계산해 낼 수학적 방법을 찾아내야 한다는 의미다. 셋째, 나는 젊은 독자들이 이 책에서 영감을 받아 이 책이 다루는 범위 이상을 추구하길 바란다. 그러려면 특히 수학을 열심히 공부해야 한다고 일러 두고 싶다.

이와 같은 점을 말해 두고, 이제 '중력은 시공간의 만곡에서 발생한다'는 주장의 중요성에 대해 더 깊이 살펴볼 시간이다. 우리는 우선 시공간에서 무중력을 허용하는 조건을 생각해 볼 것이다. 그다음, 우리의 통찰을 이용해 시공간 만곡의 근본적인 원인을 알아낼 것이다.

▎가능한 한 가장 직선인 경로

당신과 알이 깊은 우주에서 둘 다 무중력 상태로 서로에 대해 일정한 속력으로 움직이고 있었을 때는 그 상황의 대칭성 때문에 서로 자신이 정지 상태에 있다고 주장하기 쉬웠음을 상기하자. 하지만 당신이 엔진을 가동시켰을 때 이 대칭성은 깨졌다. 당신이 무게를 느낀 반면, 알은 여전히 무중력 상태였기 때문이다. 당신이 정지 상태에 있다고 계속 주장하기 위해 당신은 등가 원리를 들면서 당신은 중력 때문에 무게를 느끼고 알은 자유 낙하하고 있기 때문에 무중력이라고 말했다. 물론 알은 자신이 정지 상태에 있기 때문에 무중력이라고 계속 주장했다.

당신과 알, 둘 다 알이 무중력 상태에 있다는 데 동의하고 있으며 단지 무중력인 이유에 대해서만 의견이 다름에 유의하라. 등가 원리에 따르면, 두 사람의 관점은 똑같은 시공간 현실을 표현하고 있어야만 한다. 즉, 깊은 우주에서 무중력으로 떠 있는 물체의 시공간 경로와 자유 낙하하는 물체의 시공간 경로가 같아야 한다는 뜻이다. 이제 우리는 시공간에서 중력과 가속도가 어떻게 똑같아 보였는지를 알아낸 것과 마찬가지로, 깊은 우주에서 무중력으로 있는 물체의 경로와 자유 낙하하는 물체의 경로가 어떻게 '똑같은지' 물어봐야만 한다.

놀랍게도 물체가 무중력 상태인 또 다른 한 가지 상황, 즉 궤도를 돌 때를 생각함으로써 답을 얻을 수 있다. 국제우주정거장(International Space Station)의 우주비행사들이 무중력으로 있는 이유는 그들이 지구를 향해 계속 자유 낙하하는 상태에 있기 때문이다. 당신은 아주 높은 탑을 상상함으로써 왜 그런지를 이해할 수 있다(그림 6.1). 이 탑에서 그저 한 발짝 내밀면 당신은 바로 떨어질 것이다. 하지만 달려서 점프를 한다면 탑에서 약간 먼 곳에 떨어질 것이다. 더 빨리 달리면 달릴수록 탑에서 더 먼 곳에 떨어질 것이다. 만약 (국제우주정거장 높이에서 시속 약 2만 8,000킬로미터로) 충분히 빨리 달릴 수 있다면, 매우 흥미로운 일이 생길 것이다. 즉, 중력이 이 탑의 높이만큼 당신을 아래로 잡아당겼을 즈음에 당신은 이미 지구 주위를 충분히 돌아서 더 이상 아래로 떨어지지 않을 것이다. 대신 지구를 돌면

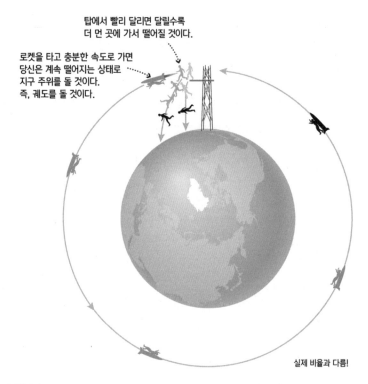

탑에서 빨리 달리면 달릴수록
더 먼 곳에 가서 떨어질 것이다.

로켓을 타고 충분한 속도로 가면
당신은 계속 떨어지는 상태로
지구 주위를 돌 것이다.
즉, 궤도를 돌 것이다.

실제 비율과 다름!

그림 6.1
이 그림은 왜 궤도가 계속적인 자유 낙하 상태인지 보여 준다. 메리앤 디슨의 『체험 우주정거장』
에 실린 그림을 각색한, 제프리 베네트, 메건 도나휴, 닉 슈나이더, 마크 보이트 공저의 『우주적 관점
(The Cosmic Perspective)』 7판(2014년)에 실린 그림을 다시 각색한 것이다. 뉴저지주 어퍼 새들
리버 소재 피어슨 사(Pearson Education, Inc.)의 허가를 받았다.

서 계속 같은 높이를 유지할 것이다. 다시 말해, 충분히 빠르게 움직
일 경우 당신은 영원히 지구 '주위를 돌며 떨어지기를' 계속할 것이
다. 즉, 궤도를 돌 것이다.

이제 5장에서 샐러드 볼 안을 도는 구슬처럼 궤도를 도는 물체는
휘어진 시공간에서 그 기하학적 구조가 허용하는 '일직선' 경로를

따른다고 했던 사실을 상기하자. 기하학적 구조가 진정한 직선을 허용하지 않으므로, 우리는 이러한 경로를 '가능한 한 가장 직선인 경로'라고 부른다. 시공간에서 모든 자유 낙하 경로는 동등해야 하기 때문에 우리는 이 모든 경로가 시공간의 두 지점 사이의 가능한 한 가장 직선인 경로를 나타낸다고 결론짓는다. 다시 말해, 등가 원리는 깊은 우주에서 무중력으로 떠 있는 것은 자유 낙하와 같다고 말하고 있기 때문에 무중력 상태로 있을 때는 시공간 특징상 가능한 한 가장 직선인 경로인 것이다. 로켓 엔진을 가동할 때, 지구에서 서 있을 때 등 당신이 무게를 느낄 때는 가능한 한 가장 직선인 경로에 있지 않다.

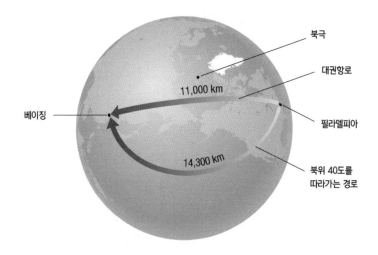

그림 6.2
필라델피아에서 베이징으로 가는 많은 경로가 있지만, 대권항로가 가장 짧고 가장 직선이다. 다른 모든 경로는 더 길고 '더 휘어져' 있다.

한 가지 비유를 들어 우리가 발견한 바를 요약해 보자. 그림 6.2에서 보듯이, 베이징과 필라델피아는 둘 다 북위 40도에 있는 도시지만, 경도상으로는 지구의 거의 반대편에 있다. 그러므로 두 도시 사이의 가능한 한 가장 직선인 경로는 거의 북극 위를 지나는 '대권항로(great circle route, 지구를 반으로 자를 때의 경로)'다. 두 도시를 잇는 다른 많은 경로가 있지만, 이들은 모두 가능한 한 가장 직선인 경로보다 더 길고 '더 휘어져' 있다. 마찬가지로, 시공간의 두 특정 지점 사이에도 많은 경로가 있다. 하지만 오직 한 경로만 가장 직선이고, 그 경로에 있을 때만 무중력 상태가 된다.

▌중력을 보는 새로운 시각

궤도가 시공간을 통과하는 가능한 한 가장 직선인 경로를 나타낸다는 사실은 매우 유용하다. 이것은 우리가 시공간의 만곡을 보지 못한다 해도 궤도들을 관찰함으로써 만곡 지도를 그릴 수 있다는 뜻이기 때문이다. 우리는 이미 한 번 그렇게 했다. 앞에서 탐사선들의 궤도를 보고 지구 근처의 공간이 휘어져 있어 탐사선들이 궤도를 돈다는 사실을 알아냈다.

우리는 많은 궤도를 그려봄으로써 이 아이디어를 더 활용할 수 있다. 예를 들어, 지구 더 가까이에서 궤도를 도는 물체는 더 높은 곳의 물체가 그리는 궤도보다 더 작은 타원을 그린다. 즉, 지구에 가까이 가면 갈수록 공간은 더 많이 휘어져 있음을 말해 준다. 이와 비슷하게, 목성처럼 질량이 더 큰 행성 주위를 도는 물체는 지구에서 같은 거리에 떨어져 궤도를 도는 물체보다 더 빠른 속도로 돈다. 이것은 목성 주위의 공간이 지구 주위의 공간보다 더 많이 휘어져(더 빠르게 돌게 하고) 있음을 말해 준다. 이들 아이디어는 중대한 결론을 이끌어낸다. 즉, 시공간의 만곡은 그 안에 있는 질량을 가진 물체들에 의해 만들어진다는 것이다. 질량이 더 크면 클수록 그 주위의 시공간은 더 많이 휘어진다. 질량이 더 큰 물체 주위의 궤도를 도는 작은 물체는 주어진 시공간 구조에서 가능한 한 가장 직선인 경로를 따른다.

이 아이디어를 머릿속에 그려 보는 흔한 방법은 시공간을 팽팽하게 펼친 고무막으로 보고, 거기에다 항성이나 행성 같은 물체들을 나타내는 덩어리들을 배치하는 것이다.[1] 그림 6.3은 태양 주위의 시공간을 나타내는 고무막 모형이다. 우리는 고무막 위에 태양을 나타내는 무거운 덩어리를 놓고, 행성들은 이 무거운 덩어리로 인해 움푹해진 곳을 도는 구슬들로 생각할 수 있다. 다시 말해, 중심의 덩어리는 태양의 질량이 시공간의 만곡을 만드는 것과 흡사하게 고무막을 휘어지게 만든다. 마찬가지로 행성들이 주어진 시공간에서 가능한 한 가장 직선인 경로를 따르기 때문에 태양 주위의 궤도를 도는

---

1) 보다 엄밀하게 말해서, 이들 소위 '끼워 넣기 도표(embedding diagram)'는 다차원의 초현실에서 공간이나 물체를 볼 때의 모습을 2차원적으로 잘랐을 때를 보여 준다. 예를 들어, 그림 6.3은 태양의 적도와 행성의 궤도(대략 모두 똑같은 면 위에 있다)를 자른 평평한 면을 보여주지만, 다차원에서 볼 때는 그림과 대략 같은 모습의 휘어진 표면으로 보일 것이다.

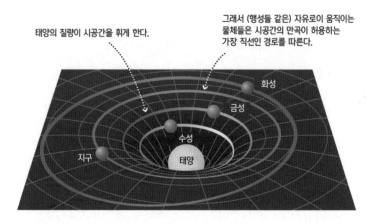

그림 6.3
일반 상대성 이론에 따르면, 태양 주위 궤도를 도는 행성들은 팽팽하게 펼친 고무막 주위를 도는 구슬들과 흡사하다. 각각의 행성은 가능한 한 직선으로 가지만, 시공간의 만곡 때문에 공간 속의 그 경로는 휘어진다.

것과 흡사하게, 구슬들은 고무막 주위에서 가장 직선인 경로를 따르기 때문에 중심 덩어리 주위를 돈다.

우리의 다른 시공간 비유들과 마찬가지로 이 고무막 비유도 지나치게 그대로 받아들이지 말아야 한다. 이 비유는 궤도가 어떻게 작동하는가를 그리 나쁘지 않게 보여 주지만, 고무막의 기하학적 구조는 시공간의 기하학적 구조와 완벽히 같지는 않다. 사실 고무막은 시공간의 시간 차원은 전혀 보여 주지 않는다. 고무막은 4차원 현실에 대한 2차원적 비유임을 기억하자. 고무막에서 보는 왜곡은 우주를 볼 때는 하나도 보이지 않는다. 망원경으로 보면 태양과 행성들은 그저 구체로만 보이지, 고무막이나 샐러드 볼에 있는 구체로 보이지는 않는다.

| 중력 렌즈

우리는 이제 중력에 대한 새로운 시각을 가진 채 아인슈타인 이론의 결과를 실험한 내용을 살펴볼 준비가 되었다. 우리는 질량을 가진 물체 주위의 시공간이 휘어져서 생기는 결과를 어떻게 관찰하는지부터 살펴볼 것이다.

우리는 시공간의 만곡을 직접 볼 수는 없지만, 빛이 가는 경로를 관찰함으로써 알아볼 수 있다. 빛은 언제나 똑같은 속도로 이동하기 때문에, 즉 가속하거나 감속하지 않기 때문에, 빛은 언제나 공간과 시공간 속에서 가능한 한 가장 직선인 경로를 따라야만 한다. 공간 자체가 휘어져 있다면, 빛의 경로 또한 이 공간을 통과할 때 휘어질 것이다. 아인슈타인은 이 사실을 인식했고, 그래서 과학의 역사상 가장 놀라운 예측 가운데 하나를 말했다. 그는 개기 일식 동안 태양 근처에서 볼 때, 항성들이 약간 제자리를 벗어난 것으로 보일 것이라고 예측했다.

천문학자들은 밤에 항성의 위치와 각도를 매우 정확하게 측정할 수 있다. 하지만 낮 동안 두 개의 항성(항성 A와 항성 B라고 하자)을 보는데, 항성 A가 태양에 좀 더 가까워 보인다고 가정해 보자. 그림 6.4가 보여 주듯, 태양 가까이의 공간이 더 많이 휘어져 있다는 사실은 항성 A의 빛이 항성 B의 빛보다 더 많이 휘어진 경로를 따르게 한다. 그 결과, 관측하면 두 항성 사이의 각도는 밤보다 낮에 더 작

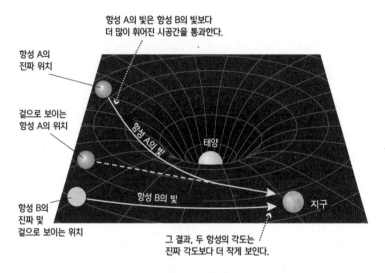

항성 A의 빛은 항성 B의 빛보다
더 많이 휘어진 시공간을 통과한다.

항성 A의
진짜 위치

겉으로 보이는
항성 A의 위치

항성 A의 빛

태양

항성 B의 빛

지구

항성 B의
진짜 및
겉으로 보이는 위치

그 결과, 두 항성의 각도는
진짜 각도보다 더 작게 보인다.

그림 6.4
일식 동안 할 수 있듯이 낮에 항성들을 관찰하면, 태양 근처의 공간의 휘어짐 때문에 항성들의 위치가 측정 가능한 차이를 보인다.

아 보이게 된다[2]

아인슈타인의 예측에 대해 천문학자들 두 팀이 1919년 5월 29일, 개기 일식 동안 항성들의 위치를 관찰하기로 했다. 아서 에딩턴(Arthur Eddington)이 이끄는 탐험대는 아프리카 서쪽 해안의 기니만에 있는 프린시페섬에서 개기 일식을 봤고, 앤드루 크로멜린(Andrew Crommelin)의 탐험대는 브라질 북부에서 개기 일식을 봤다. 11월 6

---

2) 흥미롭게도 뉴턴의 중력 이론도 항성의 빛이 태양 주위에서 휜다고 예측했고(본질적으로, 빛을 빛의 속도로 움직이는 질량을 가진 입자로 취급했다), 당시 과학자들은 이 예측을 잘 알고 있었다. 하지만 아인슈타인의 일반 상대성 이론은 뉴턴의 이론보다 2배 더 휘어진다고 예측했다. 그래서 관찰로 어느 이론이 더 맞는지 알 수 있었다.

일에 발표된 결과는 아인슈타인이 맞음을 보여 주었다. 과학자들이 관찰을 통해 시공간의 휘어짐을 확인했다는 사실은 언론의 집중적인 관심을 불러일으켰고, 이는 과학계 외부에는 거의 알려져 있지 않던 아인슈타인을 갑자기 유명 인사로 만들었다.

중력에 의한 빛의 휘어짐, 즉 유리 렌즈가 빛을 휘어지게 하는 것에 비유하여 대개 중력 렌즈(gravitational lensing)라고 부르는 이것은 그 이후로 더 많이 확인되고 있다. 천문학자들은 그 이후에 일어난 일식 동안 항성들을 관찰하기를 계속했다.

1960년대에 전파망원경이 개발되어 천문학자들은 일식이 없어도 낮에 항성들의 위치를 측정할 수 있게 되었다. 햇빛의 가시광선이 전파 관찰은 방해하지 않기 때문이다. 오늘날, 태양이 항성의 빛을 휘게 하는 것은 매우 정확하게 측정할 수 있고, 아인슈타인의 예측은 1만분의 1 이내로 정확하다. 다시 말해, 오늘날의 정확한 기술로 관찰한 항성의 빛 휘어짐은 일반 상대성 이론의 예측과 딱 맞아떨어진다. (유럽우주기구가 이 책의 출판 직후 시점에서 발사할 가이아(Gaia) 위성은 약 100만분의 2 이내로 더욱더 정밀하게 빛의 휘어짐을 측정할 수 있을 것이다.)

중력 렌즈는 태양계 너머에 있는 먼 물체들의 빛도 왜곡시킬 수 있고, 종종 그 효과는 장관을 이룬다. 그림 6.5가 왜 그런지를 보여 준다. 먼 항성이나 은하계가 (지구에서 볼 때) 또 다른 질량이 큰 물체 뒤에 있을 때 이 방해하는 물체의 주위 시공간이 휘어져 있으므로 빛의 경로는 거기서 여러 방향으로 흩어졌다가 지구에서 다시 모이

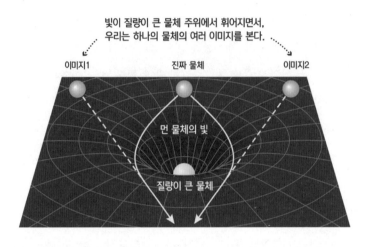

빛이 질량이 큰 물체 주위에서 휘어지면서,
우리는 하나의 물체의 여러 이미지를 본다.

이미지1   진짜 물체   이미지2

먼 물체의 빛

질량이 큰 물체

그림 6.5
이 그림은 중력 렌즈로 인해 우리가 어떻게 한 물체의 두 이미지를 보게 되는가를 설명한다. (위 그림처럼 2차원이 아니라) 3차원에서 볼 경우, 당신은 더 많은 이미지를 볼 수 있고, 원호나 고리 모양도 볼 수 있다. 이들 여러 이미지 사이의 간격이 좁으면 커다란 한 이미지로 보일 것이다.

게 된다. 우리와 우리가 관찰하는 항성이나 은하계 사이의 시공간의 정확한 4차원 기하학 구조에 따라 우리가 보는 이미지는 확대될 수도 있고, 혹은 원호로 보이거나 고리로 보이거나 하나의 물체가 여러 개로 보이는 등 실제와 다르게 보일 수 있다. 그림 6.6은 허블 우주 망원경이 포착한 그러한 이미지들이다.

한 가지 언급하자면, 중력 렌즈는 보기 좋은 광경을 만들 뿐만 아니라 유용하기도 하다. 천문학자들은 먼 우주에서 너무나 많은 중력 렌즈 현상을 발견했기 때문에 이제 그들은 그것을 '거꾸로' 이용하여 우주에 널리 존재하는 암흑물질(dark matter)의 분포도를 그리고 있다. 들었을지 모르지만, 우주의 대부분 물질은 빛을 전혀 내뿜

뒤쪽의 은하계가
왜곡된 이미지

그림 6.6

허블 우주 망원경이 포착한 이미지로, 아벨 2218(Abell 2218)이라고 알려진 은하단이다. 얇은 원호들은 중력 렌즈 때문에 생긴 것으로, 이 은하단의 중력이 그 뒤에 있는 은하계들에서 오는 빛을 왜곡시키기 때문이다. NASA/허블우주망원경과학연구소.

지 않는다는(그래서 암흑물질이라는 이름이 붙었다) 강력한 증거가 있다. 즉, 어떤 종류의 망원경으로도 볼 수 없다. 하지만 천문학자들은 중력 렌즈에 의한 빛의 왜곡을 이용해 빛의 왜곡을 일으키고 있는 질량을 가진 물체의 분포를 계산할 수 있다. 일반적인 물질이든 암흑물질이든 질량을 가진 물체는 똑같은 효과를 내므로, 이들 계산을 이용하여 어디에 암흑물질이 있는지, 또 얼마만큼 있는지를 알아낼 수 있다.

덤으로 아인슈타인은 자신의 중력 렌즈 예측을 천문학자들이 관찰로 확인해 주었을 때 재미있는 말을 했다. 아인슈타인은 자신이 보기에 아름다움과 일관성이 있는 이론들을 추구했고, 물리학의 법칙은 모든 기준틀에서 똑같음을 증명하는 이론을 추구했다는 사실을 기억하라. 그는 일반 상대성 이론이 옛 중력 이론보다 훨씬 더 아름답고 이치에 맞는, 우주에 대한 시각을 제공했다는 것을 분명하게 확신했다. 그래서 1919년 한 학생이 일식 관찰이 그의 예측을 확인해 주지 않았더라면 어떻게 반응했을지 물었을 때 이런 식으로 대답했다고 한다. "그러면 나는 하느님에게 유감이었을 겁니다. 이론은 어쨌든 틀림없으니까 말이죠." 과학에서 관찰과 실험은 가장 중요하기에 그다지 과학적으로 타당한 말은 아니지만, 아인슈타인이 이치에 맞게 우주를 이해하는 것을 얼마나 중요하게 생각했는지 잘 보여준다.

▋ 중력에 의한 시간 지연 및 빛의 적색이동

1장에서 블랙홀 여행을 하는 동안 시계 하나를 블랙홀을 향해 떨어지도록 하고 시계가 떨어지면서 시간이 더 느리게 흐르고 시계의 숫자가 붉은색으로 변하는 것을 보았다. 이 두 가지 관찰은 모두 일반 상대성 이론이 중력과 시간에 대해 예측한 바의 결과다. 지금까지 그래왔던 것처럼 우리는 사고 실험을 이용하여 이 예측을 이해해 볼 것이다.

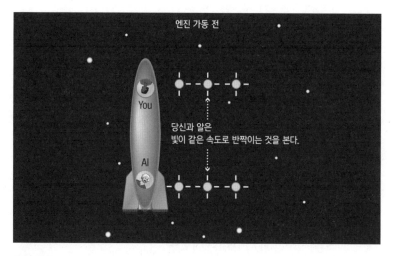

그림 6.7

당신과 알은 로켓 모양으로 생긴 우주선의 양쪽 끝에 무중력으로 떠 있다. 둘 다 1초에 한 번씩 반짝이는 발광체를 가지고 있다. 둘은 똑같은 기준틀에 있기 때문에 서로의 빛이 같은 속도로 반짝이는 것을 볼 것이다.

당신과 알이 각각 다른 우주선에 있지 않고 이번에는 한 우주선에 같이 있다고 상상하자. 우주선은 길고 로켓 모양으로 생겼으며 당신과 알은 각각 양 끝에 있다(그림 6.7). 우주선은 엔진을 끈 채 우주에 있고, 그래서 당신과 알은 둘 다 무중력으로 떠 있으며, 각자 1초당 한 번씩 빛을 반짝이는 발광체를 가지고 있다. 둘 다 아무 움직임 없이 자유로이 떠 있으므로 둘 다 기준틀이 같다. 그러므로 둘은 서로의 빛이 같은 속도로 반짝이는 것을 볼 것이다.

이제 우주선의 엔진을 가동시키면 어떤 일이 일어날지 생각해 보자. 당신과 알, 둘 다 우주선에 있기 때문에 둘은 모두 무게를 느끼며 바닥에 서게 될 것이다. 알은 하부 갑판(뒤쪽)에 있고, 당신은 상부 갑판(앞쪽)에 있다. 당신은 무게를 느끼는 것을 중력 때문이라고 설명할 수 있지만, 근처 행성에 대해 상대적으로 우주선의 속도가 빨라지는 것을 보면서 가속도 때문이라고 생각하기로 했다고 치자. 이 가속도는 당신과 알이 발광체에서 나오는 빛의 반짝임을 보는 방식에 어떤 영향을 미칠까?

우리는 두 가지 사실에 대해 생각하면서 이 질문에 대답할 수 있다. (1) 빛의 반짝임은 우주선의 한쪽 끝에서 다른 쪽 끝으로 이동하는 데 짧은 시간이 걸린다. (2) 이 짧은 시간 동안 가속을 했다는 것은 우주선의 속도가 빨라짐을 의미한다.

당신의 관점부터 시작해 보자. 당신은 가속하고 있는 우주선의 앞쪽에 있기 때문에 속도 증가로 당신이 알의 빛이 반짝이던 지점으로부터 멀어지고 있다고 결론 내릴 것이다. 그러므로 알의 반짝임은 사실상 가속하지 않을 때보다 당신에게 도착하기까지 더 긴 거리를 이동해야만 한다. 즉, 시간이 약간 더 걸린다. 우주선이 같은 비율로 속도를 유지하는 한 이 '추가' 시간은 언제나 똑같다. 즉, 당신은 여전히 알의 빛이 일정한 간격으로 반짝이는 것을 볼 것이다. 하지만 이제 1초당 한 번보다 더 느리게 반짝일 것이다. 당신은 두 사람의 빛이 1초당 한 번씩 반짝이도록(당신의 빛은 여전히 그렇게 하고 있다) 되어 있음을 알기 때문에, 당신은 우주선 뒤쪽에 있는 알의 시간이 당신의 시간보다 더 느리게 흐르고 있음에 틀림없다고 결론 내릴 것이다.

우주선 뒤쪽에 있는 알의 관점으로 가서, 우주선의 속도 증가는 그가 당신의 빛이 반짝이던 지점을 향해 가고 있는 것을 의미한다. 그러므로 당신의 관점과 반대다. 그는 당신의 빛이 이전보다 더 빨리 자신에게 도착하는 것을 본다. 즉, 그는 당신의 빛이 1초당 한 번보다 빠르게 반짝이는 것을 볼 것이고, 당신의 시간이 자신의 시간보다 더 빨리 흐르고 있다고 결론 내릴 것이다.

다시 말해, 당신과 알은 둘 다 가속하는 우주선의 앞쪽이 뒤쪽보다 빛이 더 빨리 반짝인다는 데 동의할 것이다. 즉, 두 사람 모두 앞쪽에서는 시간이 더 빠르게 흐르고 뒤쪽에서는 더 느리게 흐른다는 데 동의할 것이다.

여기서 잠깐, 이 상황을 5장에서의 상황과 비교해 보자. 5장에서 당신과 알은 둘 다 무중력으로 떠 있으면서 빠른 속도로 서로를 지나쳤다. 5장의 경우, 당신과 알은 누구의 시간이 정말 느리게 흐르고 있는지에 대해 끝도 없이 논쟁할 수 있었다. 운동이 계속되는 한, 당신과 알이 만나 누구의 시계가 덜 갔는지 비교할 수가 없었기 때문이다.

하지만 이 새로운 상황에서는 둘 다 같은 우주선에 있으므로 둘의 시계를 쉽게 서로 비교할 수 있다. 그러므로 모든 사람에게 시공간은 똑같다는 사실은 당신과 알이 두 시계를 비교했을 때 그 결과에 동의할 것이라는 의미다. 우주선 뒤쪽의 시계가 앞쪽의 시계보다 시간이 덜 갔다는 사실에는 의심의 여지가 없다.

이제 가속하는 우주선의 뒤쪽에서 시간이 더 느리게 흐른다는 사실을 발견했으므로, 우리는 여기에 그저 등가 원리를 적용한다. 등

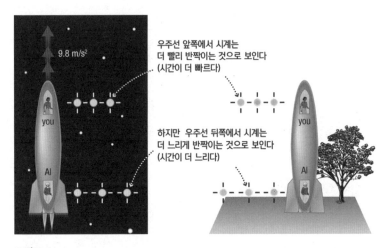

그림 6.8
(왼쪽) 우주선의 엔진을 가동하여 가속하면, 당신은 사실상 앞의 빛으로부터 멀어지고, 앞은 당신의 빛으로 다가온다. 즉, 두 사람 모두 앞의 빛이 당신의 빛보다 더 느리게 반짝인다는 데 동의할 것이다. (오른쪽) 등가 원리에 의해, 당신은 땅 위에 있는 우주선에서도 정확히 같은 결과를 발견할 것이다. 즉, (중력이 더 강한) 낮은 곳에서 높은 곳보다 시간이 더 느리게 흐른다.

가 원리는 중력장 안에서 정지해 있는 우주선에서도 이와 똑같은 결과를 발견할 것이라고 말한다(그림 6.8). 그래서 우리의 놀라운 결론은 다음과 같다. 우주선이나 빌딩이나 땅 위에 있는 모든 것의 경우, 일반 상대성 이론은 낮은 곳이 높은 곳보다 시간이 더 느리게 흐른다고 예측한다. 즉, 중력장에서는 높은 곳보다 낮은 곳에서 시간이 더 느리게 흐른다. 이 효과를 중력에 의한 시간 지연(gravitational time dilation)이라고 부른다. 중력이 강하면 강할수록 (그래서 시공간의 휘어짐이 더 클수록) 중력에 의한 시간 지연 효과는 더 커진다.

중력에 의한 시간 지연 예측은 중력의 힘이 서로 다른 곳에 둔 시계들을 비교함으로써 실험할 수 있다. 지구에서는 정확한 원자시계들을 이용하여 겨우 1미터 높이 차이에서도 시간 차이를 측정할 수 있다. 지구에서의 고도 차이에 의한 시간 차이는 너무나 미미해서 인간의 평생 동안 모아도 10억분의 몇 초밖에 되지 않지만, 일반 상대성 이론이 예측한 바와 정확히 들어맞는다. 좀 더 실용적인 예로, 위성항법장치(GPS)는 지구의 시계와 GPS에 사용하는 위성들의 시계를 매우 정확하게 비교한다. 위성은 지구 위에서 빠른 속도로 움직이고 있기 때문에 GPS를 이용하는 소프트웨어는 (땅에 대한 각 위성의 속도 때문에) 특수 상대성 이론이 예측한 시간 지연 효과와 고도에 따른 중력에 의해 발생하는 시간 지연 효과를 모두 고려해야만 한다. 이렇게 상대성을 고려한 수정은 매우 중요하다. 이렇게 수정하지 않으면 GPS 내비게이션 시스템이 제공하는 위치는 눈에 띄게 부정확해진다. 그런 의미에서, 내비게이션 시스템을 이용할 때마다 당신은 아인슈타인의 특수 상대성 이론과 일반 상대성 이론의 핵심 예측들을 실험하고 확인하는 셈이다.

지구의 중력장은 비교적 약하다는 사실을 고려할 때, 중력이 더 강한 물체에서 중력 때문에 발생하는 시간 지연이 더 크다는 예측을 실험해 보았는지 궁금해할지도 모른다. 그 답은 '예'다. 중력이 강한 물체에 시계를 갖다 놓은 적은 없지만, 거의 모든 천체는 자연적으로 원자시계를 가지고 있다. 우리는 빛을 무지개 같은 스펙트럼으로 분산시킴으로써 이들 자연의 시계를 관찰할 수 있다. 충분한 분해능을 적용하면, 우리는 태양과 다른 항성의 빛에서 수많은 날카로운 스펙트럼선들을 볼 수 있다. 이들 각 선은 특정 주파수를 가진 빛을 내뿜는 화학 물질에 의해 생성되기 때문에 원자시계 역할을 한다.

　스펙트럼선들이 어떻게 일반 상대성 이론을 실험할 수 있게 하는지 알아보자. 어떤 가스를 지구의 실험실에서 생성했을 때 초당 500조 사이클의 주파수를 가진 스펙트럼선을 내뿜는다고 가정하자. 이와 같은 가스가 태양에 있다면, 가스는 역시 초당 500조 사이클의 주파수를 가진 스펙트럼선을 내뿜을 것이다. 하지만 태양이 지구보다 중력이 더 강하기 때문에, 일반 상대성 이론의 예측에 의하면, 태양에서의 시간이 더 느리게 흐른다. 그래서 태양에서의 1초는 지구에서의 1초보다 더 오래 지속된다. 그러므로 지구에서 1초가 흐르는 동안 우리는 태양 가스의 500조 사이클을 모두 보지 못할 것이다. 즉, 스펙트럼선은 태양의 스펙트럼을 관찰할 때가 지구의 실험실에서 생성할 때보다 주파수가 더 적을 것이다. 더 낮은 주파수는 더 붉은색을 의미하기 때문에, 시간이 느리게 흐르는 것은 스펙트럼선들을 더 붉어 보이게 할 것이다. 이 효과를 중력에 의한 빛의 적색이동이라고 한다. 이것은 1장에서 블랙홀을 향해 시계를 떨어뜨렸을 때 시계 숫자들이 붉은색으로 변했던 현상을 설명해 준다. 더 중요하게, 우리는 태양과 다른 항성의 중력이 얼마나 강한지 알기 때문에 일반 상대성 이론을 이용하면 중력에 의한 빛의 적색이동이 정확히 얼마만큼 일어날지를 예측할 수 있다. 예상했겠지만, 관찰 결과는 일반 상대성 이론의 예측과 딱 맞아떨어진다.

　일반 상대성 이론은 다른 많은 방식으로 실험하고 있고, 지금까지

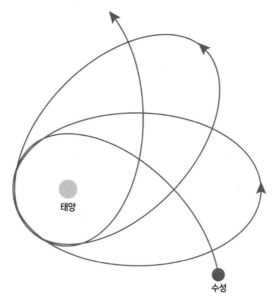

그림 6.9

이 그림은 수성의 타원형 궤도가 태양을 돌며 천천히 세차 운동을 하는 모습을 보여 준다. 이 그림은 매우 과장하여 그린 것으로, 실제 세차 비율은 100년당 2도 미만이다. 뉴턴의 중력 이론은 이 세차 운동을 대부분 감안했지만, 전부는 아니었다. 일반 상대성 이론은 전부 설명하고 있다.

모든 실험에 통과했다. 여기서 나는 특히 역사적 중요성을 띤 직접 실험을 한 가지만 더 언급하겠다. 뉴턴의 중력 법칙은 수성의 궤도가 태양을 돌면서 다른 행성들의 중력 영향 때문에 천천히 세차 운동을 할 것이라고 예측했다. 그림 6.9는 이 세차 운동을 매우 과장하여 보여 준다. 19세기에 수성의 궤도를 주의 깊게 관찰한 결과 실제로 세차 운동을 하고 있었는데, 뉴턴의 중력 법칙으로 한 계산은 관찰 결과와 정확히 일치하지 않았다. 그 차이는 작았지만(예측한 비율은 100년당 약 0.01도가 달랐다), 천문학자들은 그 차이를 설명할 방법을 찾지 못했다. 아인슈타인은 이 불일치를 알고 있었고, 등가 원리를 처음 생각했을 때부터 자신의 새로운 아이디어가 수성의 궤도를 설명할 방법을 제공하길 희망했다. 그리고 마침내 성공했을 때 무척 흥분하여 사흘 동안 일을 할 수 없었고, 나중에 이 성공의 순간을 자신의 과학 인생 중 최고의 시점이라고 불렀다. 본질적으로 아인슈타인은 그 불일치가 뉴턴의 중력 법칙이 시간을 절대적인 것으로 보고 공간을 평평한 것으로 보았기 때문에 생겼음을 설명했다. 사실, 수성의 궤도 중 태양에 가까운 부분에서는 시간이 더 천천히 흐르고 공간은 더 많이 휘어져 있는데 말이다. 일반 상대성 이론의 공식들은 이 시공간의 왜곡을 고려하여 수성 궤도를 예측했고, 그 예측은 관찰한 바와 정확히 일치했다.

┃ 다시 보는 쌍둥이 역설

일반 상대성 이론의 아이디어를 이용하여 4장에서 짧게 이야기했던 소위 쌍둥이 역설을 새롭게 볼 수 있다. 이 역설은 쌍둥이 중 하나는 지구에 남고 하나는 먼 항성으로 빠른 속도로 여행하고 돌아오면서 발생했다. 모든 운동은 상대적이므로, 항성에 갔다 온 쌍둥이는 자신은 아무 데도 가지 않았고, 지구와 항성이 움직였다고 주장할 수 있다. 처음에는 항성이 다가오고 지구가 멀어졌으며, 그다음에는 반대로 지구가 다시 다가왔고 항성은 멀어졌다고 말할 수 있다. 역설은 쌍둥이 둘 모두 상대방이 여행을 했다고 주장할 수 있기 때문에, 여행하는 동안 누가 더 나이를 적게 먹었느냐는 문제가 발생한다.

4장에서 쌍둥이 역설은 쌍둥이의 상황이 대칭적이지 않기 때문에 해결된다고 이야기했다. 한 명은 가속도를 경험했고, 한 명은 그렇지 않은 것이다. 우리는 여행을 한 쌍둥이가 나이를 적게 먹었음을 발견했다.

우리는 일반 상대성 이론을 가지고 사고 실험을 통해 쌍둥이 역설을 보다 깊게 살펴보며 해결할 수 있다. 당신과 알이 각자의 우주선을 타고 나란히 무중력으로 떠 있고, 같은 시간을 가리키는 시계를 하나씩 가지고 있다고 가정하자. 당신은 계속 무중력으로 있고, 알은 엔진을 가동시켜 가속하여 짧은 거리를 가고 감속하여 약간 더 가서 멈춘 다음 다시 돌아온다. 당신의 관점에서 볼 때, 알의 운동은 알의 시계가 당신의 시계보다 더 느리게 갈 것을 의미한다. 그러므로 그가 돌아왔을 때 당신은 알의 시간이 덜 흘렀음을 발견할 것으로 기대한다. 이제 알이 이 상황을 어떻게 보는지 생각해 보자.

당신과 알은 누가 진정 움직였는지에 대해 끝없이 논쟁할 수 있지만, 한 가지 사실만은 둘에게 분명하다. 여행하는 동안 당신은 무중력이었고, 알은 무게를 느껴 우주선 바닥에 섰다. 알은 이 무게를 두 가지로 설명할 수 있다. 첫째, 그는 당신의 의견처럼 가속을 했다고 말할 수 있다. 이 경우, 그는 자신의 시계가 당신의 시계보다 더 느리게 갔다는 데 동의할 것이다. 가속하는 우주선에서 시간은 더 느리게 흐르기 때문이다. 둘째, 그는 중력장에서 가만히 있기 위해 엔진을 가동했고 그래서 무게를 느꼈으며, 당신은 자유 낙하했다고 주장할 수 있다. 하지만 그는 여전히 그의 시계가 당신의 시계보다 더 느리게 갔다는 데 동의할 것임에 유의하라. 시간은 중력장에서도 더 느리게 흐르기 때문이다. 어느 식으로 보든 결과는 똑같다. 알의 시간이 덜 흐르는 것이다.

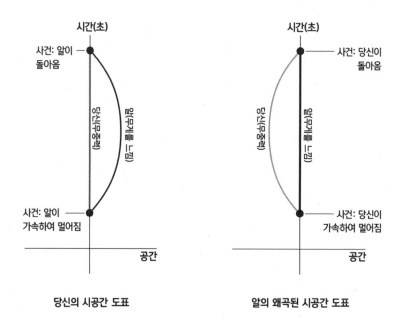

그림 6.10

당신과 알은 서로 멀어졌다가 다시 만난다. 당신은 내내 무중력으로 떠 있고, 알은 무게를 느낀다. 당신은 무중력이므로 왼쪽 그림과 같이 시공간 도표를 그리고, 당신이 더 짧고 더 직선인 경로를 따르기 때문에 당신에게 시간이 더 흐른다고 결론 내릴 수 있다. 알은 중력 때문에 무게를 느낀다고 설명한다. 즉, 그는 휘어진 종이에 자신의 시공간 도표를 그려야만 한다. 그러므로 오른쪽 그림과 같이 평평한 종이에 그리면 왜곡된다. 제대로 휘어진 종이에 그리면 알의 도표 또한 당신이 더 짧고 더 직선인 경로를 따르고 있음을 보여줄 것이다.

그림 6.10의 왼쪽 그림이 이 실험의 시공간 도표를 보여 준다. 당신과 알은 둘 다 시공간에서 똑같은 두 사건 사이를 움직였다(알의 여행 시작점과 끝점). 하지만 두 사건 사이에서 당신의 경로는 알의 경로보다 더 짧다. 우리는 이미 알에게 시간이 적게 흐른다고 결론 내렸기 때문에, 시간의 흐름에 대해 놀라운 통찰을 발견하게 된다. 즉, 시공간의 두 사건 사이에서는 더 짧은 (그래서 더 직선인) 경로에서 시간이 더 많이 흐른다는 것이다. 시공간의 두 사건 사이에서 기록할 수 있는 최대 시간은 가능한 한 가장 직선인 경로, 즉 당신이 무중력 상태로 있는 경로를 따를 때 발생한다.

결국 쌍둥이 역설은 알이 왜 더 짧고 더 직선인 경로를 따르고 있는 사람이라고 주장할 수 있느냐의 문제다. 그는 자신이 정지 상태에 있다고 생각하기 때문에 분명 그림 6.10의 오른쪽 시공간 도표처럼 자신의 세계선이 시간축을 똑바로 올라가게 그리고 싶다는 생각이 들 것이다. 이 도표는 그가 더 짧고 더 직선인 경로를 가는 것으로 보이게 하나 이것은 사실 현실의 왜곡이다. 그가 정지 상태에 있다고 주장할 수 있는 유일한 방법은 중력 때문에 무게를 느낀다고 말하는 것뿐이고, 그럴 경우 중력은 근처의 시공간을 휘어지게 한다. 그러므로 그 자신이 '정지 상태'에 있는 시공간 도표를 그리려면 적절하게 휘어진 종이에 그려야만 할 것이다. 그러면 그의 경로는 실제로 당신의 경로보다 더 길고 더 휘어져 있을 것이다.

알의 문제는 지구를 평평하게 나타낸 지도를 가지고 필라델피아에서 베이징으로 가려는 비행사의 문제와 비슷하다. 평평한 지도에

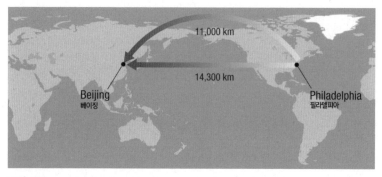

그림 6.11

이 평평한 지도는 그림 6.2에서 봤던 것과 똑같은 두 항로를 보여 준다. 둥근 지구를 평평한 지도로 만든 왜곡 때문에 실제로는 가장 짧고 가장 직선인 항로가 더 길어 보인다.

서 직선 항로는 그림 6.11에서 직선으로 나타낸, 두 도시를 연결하는 위선을 따라가는 것처럼 보인다. 하지만 지구의 표면이 사실은 곡선이기 때문에 이 지도는 왜곡된 것이다. 가장 짧고 가장 직선인 항로는 우리가 그림 6.2에서 봤던 것처럼 여전히 대권항로다. 평평한 지도에서 이 대권항로는 휘어지고 더 길어 보인다. 왜곡된 세계 지도가 두 도시 사이의 실제 거리를 변화시키지 않는 것과 마찬가지로 우리가 시공간 도표를 그리는 방식은 시공간 현실을 바꾸지 않는다. 시간이 적게 흐른 사람은 알고, 시공간에서 그의 경로는 실제로 더 길고 더 휘어져 있다.

　이들 아이디어를 명확히 이해하기 위해, 당신의 블랙홀 여행을 다시 한번 생각해 보자. 빛의 속도에 가까운 속도를 내기 위해 그리고 지구로 돌아오기 위해 당신은 엄청나게 가속을 했다. 이들 가속은 극도로 강한 중력과 같고, 일반 상대성 이론에 따르면 가속하는 기간 동안 당신의 시계는 지구의 시계보다 훨씬 더 느리게 간다. 그래서 지구에 돌아왔을 때 당신은 지구 사람들보다 나이가 적게 들어 있다. 여기 좋은 소식도 있다. 앞에서 우리는 거의 즉각적인 가속을 하는 것으로 가정했다. 그래서 당신에게 얼마만큼의 시간 지연이 일어나는가를 계산하기에는 쉬웠지만(특수 상대성 이론의 간단한 공식을 사용할 수 있었다), 가속의 힘 때문에 당신이 죽는다는 단점이 있었다. 우리는 이제 더 안전한 여행을 제공할 수 있다. 즉각적인 가속 대신 당신은 중간 지점에 이르기까지 점차 가속했다가 그다음 점차 감속하여 블랙홀에 도착하고, 돌아올 때도 같은 식으로 가속했다가 감속하면 된다. 당신의 평균 속도가 앞에서 가정한 속도와 같은 한, 여행에 걸리는 총시간은 같을 것이다.

▎ 중력파

일반 상대성 이론으로 해결해야 할 주요 미스터리는 이제 하나 남았다. 그것은 한 곳에서 일어난 사건이 어떻게 다른 장소에 있는 물체에 영향을 끼칠 수 있는가의 미스터리다. 보다 구체적으로 말해, 우리는 질량을 가진 물체가 시공간을 휘어지게 하고, 질량을 가진 물체는 궤도를 돌든지 폭발하든지 등등 언제나 운동 상태에 있음을 안다. 마치 고무막 위에서 원을 그리며 움직이는 질량을 가진 물체가 멀리 떨어진 고무막의 모양에도 영향을 준다는 것과 마찬가지로 한 곳에서 일어나는 공간 휘어짐은 결국 다른 곳의 휘어짐에도 영향을 준다는 것이다. 하지만 어떻게 한 곳에서 일어난 변화가 다른 곳에 전달될까?

아인슈타인은 이 질문을 분석하며 한 곳에서의 공간 휘어짐은 연못에서 물결이 퍼지듯이 다른 곳으로 퍼져나간다는 사실을 발견했다. 예를 들어 항성이 갑자기 폭발하는 효과는 연못에 돌을 던지는 효과와 비슷하고, 질량이 큰 두 항성이 서로 가까이서 빠르게 궤도를 도는 것은 물속에서 선풍기 날이 돌아가는 것과 같아서 공간 휘어짐의 물결을 일으킨다. 아인슈타인은 이를 중력파라고 불렀다.

중력파는 질량이 없고 빛의 속도로 이동한다는 점에서 광파(light wave)와 성격이 비슷하다고 예측하고 있다. 광파가 지날 때 하전 입자(예: 전자)들을 앞뒤로 움직이게 하는 것과 흡사하게, 중력파는 지나가면서 질량을 가진 물체들을 압축했다 확장시킨다. 우리는 이론상 이러한 압축과 확장을 찾음으로써 중력파를 감지할 수 있어야 하지만, 문제가 하나 있다. 중력파는 광파보다 에너지를 훨씬 더 적게 운반하는 것으로 예상된다. 그래서 지구상의 물체에 미치는 효과를 감지하려면 지극히 정밀한 측정이 필요하다. 2013년까지 아무도 확실하게 중력파를 감지하는 데 성공하지 못했지만, 계속해서 다양한 노력을 하고 있다. 그중에서 가장 잘 알려진 곳이 레이저 간섭계 중력파 관측소(LIGO: Laser Interferometer Gravitational-Wave Observatory)로, 현재 루이지애나주와 워싱턴주에 대형 탐지기들을 설치하여 중력파의 명백한 신호를 찾고 있다. 나사(NASA)와 유럽우주기구도

레이저 간섭계 우주 안테나(LISA: Laser Interferometer Space Antenna) 라는 훨씬 더 강력한 중력파 관측소를 우주에 설치할 예비 계획을 세웠다. 하지만 예산 문제로 이 관측소는 빨라야 2025년 정도에 세워질 것이다.

중력파가 일반 상대성 이론의 중요한 예측임을 감안할 때, 우리는 중력파를 아직 감지하지 못한 것을 염려해야 할까? 대부분의 과학자는 그렇게 생각하지 않는다. 중력파를 직접 감지하지는 못했지만, 중력파의 존재를 알려 주는 매우 강력한 간접 증거가 있기 때문이다. 이 증거는 '쌍성펄서(binary pulsars)'에서 찾을 수 있다. 쌍성펄서는 쌍성계(두 항성이 서로 주위를 도는 것)와 흡사하지만, 쌍성펄서의 두 항성은 모두 고도로 압축된 중성자별이다.

중성자별들은 믿을 수 없을 정도로 밀도가 높다. 대개 태양보다 더 질량이 크지만, 지름이 겨우 20킬로미터 정도밖에 되지 않는다 (태양의 지름은 약 140만 킬로미터다). 이들은 크기가 작아 보통 항성보다 훨씬 더 긴밀하고 빠르게 서로 궤도를 도는데, 일반 상대성 이론은 이러한 쌍성펄서가 중력파 형태로 상당한 양의 에너지를 방출한다고 예측하고 있다. 이러한 중력파 방출은 쌍성펄서 전체로 볼 때 에너지를 점차 잃는다는 의미이며, 이 에너지 손실은 두 중성자별의 궤도 붕괴를 야기한다.

처음으로 알려진 쌍성펄서는 1974년 러셀 헐스(Russell Hulse)와 조셉 테일러(Joseph Taylor)가 발견했다. 헐스와 테일러는 두 중성자별의 궤도를 주의 깊게 관찰하면서 마치 에너지를 잃어가는 것처럼 궤도 주기가 실제로 점점 짧아지는 것을 발견했다. 더구나 궤도 주기는 에너지 손실이 중력파 때문이라고 가정할 때 정확히 예측한 비율로 짧아지고 있었다. 이들의 관찰은 중력파가 정말 존재한다는 사실을 너무나 강력하게 시사해서, 헐스와 테일러는 1993년 노벨 물리학상을 받았다. 헐스-테일러 쌍성펄서의 지속적인 관찰은 일반 상대성 이론의 예측을 더욱 분명히 확인해 주었으며, 천문학자들은 그 이후로 이와 비슷한 쌍성펄서들을 찾아내면서 확인을 거듭하고 있다.

┃ 뉴턴은 틀렸는가?

우리는 아인슈타인의 일반 상대성 이론에서 예측한 바가 뉴턴의 중력 이론 예측과 다른 몇 가지 주요 경우를 다루어 보았다. 관찰 결과, 아인슈타인의 이론이 옳은 것으로 나타났다. 그러니 이렇게 물어볼 만하다. 아인슈타인 이론의 성공은 뉴턴 이론이 틀렸다는 뜻인가?

그 대답은 '틀렸다'를 어떻게 정의하느냐에 달렸지만, 이 질문은 과학의 성격에 중요한 통찰들을 제공한다. 아인슈타인의 이론과 뉴턴의 이론은 서로 다른 대답을 내놓은 모든 경우에서, 관찰 결과는 틀림없이 뉴턴의 대답이 옳지 않음을 보여 준다. 하지만 대부분의 경우, 두 이론이 내놓은 답들은 거의 구별이 불가능하다는 점을 기억하는 것이 중요하다. 그래서 천문학자들은 아직도 뉴턴의 중력 법칙을 이용하여 항성을 도는 행성의 궤도와 은하계 중심을 도는 항성의 궤도 그리고 서로를 도는 은하계들의 궤도를 계산한다. 또 그래서 아폴로 13호(같은 이름의 영화가 있다)가 고장 났을 때, 천문학자 짐 러벨(Jim Lovell)이 모든 엔진을 끄고 다음과 같이 옳게 이야기할 수 있었다. "우리는 방금 아이작 뉴턴 경을 조종석에 앉혔다." 우리가 마주치는 대다수의 경우, 뉴턴의 중력 이론은 거의 아인슈타인의 상대성 이론만큼 잘 맞아떨어진다.

그런 점에서 이론이 옳으냐 틀리냐는 '과학적으로 실험 가능한가'의 문제로 요약된다. '이론'이라는 용어가 적절히 쓰일 때, 이론이란 많은 실험을 통해 입증된 아이디어를 가리킨다. 하지만 한 이론이 지금까지 모든 실험에 통과했다고 해서 미래의 실험도 반드시 통과할 것이라는 의미는 아니다. 미국 속담 "올라가는 것은 반드시 내려와야 한다(What goes up must come down)"를 예로 들어 보자. 이것을 지구에서의 운동에 관한 이론으로 생각하면 꽤 괜찮은 이론이다. 아무리 힘을 써서 던져 올린다 해도 물체는 내려오게 되어 있다. 그렇지만 뉴턴이 중력 이론을 개발한 후 우리는 이 옛 이론이 불완전하다는 사실을 알게 되었다. 이 이론은 던져 올리는 물체에는 잘 적용되지만, 탈출 속도(천체의 중력을 벗어나는 최소한의 속도)에 이르는 속도로 던져 올렸을 때는 적용되지 않는다. 이와 마찬가지로 중요한 점은 뉴턴의 중력 이론 덕분에 우리가 중력하의 운동을 더 이상 지구에서 던져 올리는 물체에만 한정하지 않고 우주에 있는 물체의 운동으로 확장해서 생각할 수 있게 되었다는 것이다.

마찬가지로 아인슈타인의 이론은 뉴턴의 이론이 잘 맞는 많은 경우를 틀렸다고 하지 않는다. 그저 뉴턴의 이론이 불충분한 경우가 있음을 보여 주고, 뉴턴 자신도 불합리하다고 생각한 '원격 작용' 아이디어를 해소한 새로운 중력 이론을 제공하고 있다. 아인슈타인의 이론 역시 불완전할 수 있다. 실제로 7장에서 이야기할 것이지만, 아인슈타인의 이론은 블랙홀의 중심에 적용하려 할 때 잘 맞지 않는 듯하다. 과학자들에게는 이러한 불완전한 부분이 흥분을 자아낸다. 자연에 대한 더 깊은 통찰을 제공할 새로운 이론을 제시할 수 있는 기회이기 때문이다. 하지만 우리가 아인슈타인의 이론보다 더 나은 이론을 발견한다고 해도 아인슈타인의 이론을 뒷받침하는 방대한 증거는 그대로 유지될 것이다.

그러므로 새로운 이론은 일반 상대성 이론이 잘 맞아 드는 모든 부분에는 똑같은 답을 내면서 동시에 부족한 부분을 보완해야 하기 때문에 큰 부담을 안는다.

요약하자면, "뉴턴은 틀렸는가?"라는 질문에 대한 나의 답은 '아니오'다. 뉴턴은 중력과 운동에 대한 강력한 이론을 제시했고, 당시 가능했던 관찰과 실험의 한도 내에서 최대한 '옳았다.' 과학은 한 번에 벽돌 한 장씩 쌓아 올리는 큰 건물과 같다. 벽돌을 조심스럽게 쌓는 한, 우리는 언제나 이미 쌓은 벽돌을 제거하지 않고 그 위에 더 쌓을 수 있을 것이다. 좀 더 우아하게 비유하기 위해 아이작 뉴턴 경의 말을 인용해 보겠다.

"내가 다른 사람들보다 더 멀리 봤다면, 그것은 내가 거인들의
어깨 위에 서 있었기 때문이다."

상대성 이론을 통해 아인슈타인은 뉴턴과 다른 거인의 세계에 합
류했고, 언젠가 다른 사람들이 또한 그의 어깨 위에 올라설 것이다.

【Ⅳ】

상대성이 지니는 의미

7.

블랙홀

    앞선 여러 장에 걸쳐 우리는 블랙홀 여행 동안 당신이 겪은 많은 현상의 이유에 대해 이야기했다. 우리는 여행하는 동안 왜 지구에 있는 사람들보다 당신에게 시간이 덜 흘렀는지를 살펴보았다. 우리는 질량을 가진 물체에서 멀리 떨어진 곳의 시공간 구조는 질량의 양에 의해서만 결정되기 때문에, 빨려 들어갈 위험 없이 항성 주위 궤도를 돌듯이 블랙홀에서 멀리 떨어져 궤도를 돌 수 있음을 배웠다. 우리는 당신의 시계가 블랙홀을 향해 떨어질 때 관찰했던 시간 지연과 중력에 의한 빛의 적색이동이 아인슈타인 이론의 근간이 되는 간단한 아이디어로 예상한 결과임을 알았다. 모든 운동은 상대적이고, 빛의 속도는 절대적이며, 가속도의 효과는 중력의 효과와 같다는 아이디어 등이었다.

    우리가 아직 다루지 않은 내용은 정확히 블랙홀은 무엇이며, 당신의 동료가 사건의 지평선을 넘으면서 무엇과 마주쳤는가다. 그러면 이제 이들 질문을 해결하면서 1장에서 시작한 여행의 이야기를 마무리 지어 보자.

| 우주에 난 구멍

앞으로 돌아가 그림 6.3을 보라. 고무막 비유를 통해 태양 주위를 도는 행성들의 궤도를 설명하고 있다. 이제 태양이 총질량은 변함없이 크기가 더욱 압축된다면 어떻게 될지 상상해 보라. 고무막에 밀도가 더 높은 추를 놓는 상황을 머릿속에 그리면 생각하기 쉬울 것이다. 예를 들어, 5킬로그램짜리 볼링공을 5킬로그램짜리 쇠공으로 바꾼다면? 분명 고무막은 밀도가 더 높은 추가 놓인 자리에서 더 큰 변형을 일으킬 것이다. 하지만 추에서 비교적 먼 곳에서 보면 고무막은 이전과 다름없을 것이다. 총무게가 변함없기 때문이다.

그림 7.1은 이 상황을 보여 준다. 왼쪽 그림은 고무막 위의 태양이다. 중간 그림은 태양이 더 압축되었을 때의 고무막의 변화를 보여준다. 태양을 계속 압축하면 태양은 고무막을 점점 더 아래로 누를 것이다. 즉, 시공간이 점점 더 휘어질 것이다. 태양을 충분히 압축하면, 태양은 결국 고무막을 내리누르다 못해 구멍을 내고 말 것이다. 고무막 비유는 여기서 끝나지만(그리고 다시 말하지만 이 비유를 지나치게 그대로 받아들이지 마라), 전체적인 아이디어는 얻을 수 있다. 즉, 태양이 충분히 압축되면 시공간은 너무나 휘어져서 결국 관측 가능한 우주에 구멍을 내고 말 것이다. 그럼 블랙홀이라는 이름이 이해가 된다. 빛조차 빠져나오지 못하기 때문에 검고, 여기에 빠진 물체는 현재 어떤 기술로도 볼 수 없기 때문에 구멍이다.

이 고무막은 오늘날
태양 주위의 시공간의
휘어짐을 나타낸다.

만약 태양이 압축되면,
태양과 가까운 고무막은
더욱 휘어질 것이다
(하지만 먼 곳은 변함없다.).

태양의 압축이 계속되면,
휘어짐은 결국 너무 커져서
우주에 블랙홀을 만들 것이다.

사건의
—지평선

—블랙홀

그림 7.1
질량은 그대로 유지한 채 태양의 크기를 압축하면 태양 근처 시공간은 점점 더 변형될 것이다. 태양
의 밀도가 충분히 높아지면 태양은 결국 관측 가능한 우주에 구멍을 낼 것이다. 즉 블랙홀을 만든다.

▌사건의 지평선

블랙홀은 안과 밖이 있다. 1장에서 당신이 로켓을 매달아 블랙홀을 향해 떨어뜨렸던 시계를 생각해 보자. 처음 시계를 우주선 밖으로 떨어뜨렸을 때는 로켓으로 시계의 떨어지는 속도를 늦추기가 비교적 쉬웠을 것이다. 하지만 블랙홀에 가까이 다가갈수록 중력이 강해져(다시 말하자면 시공간이 더 크게 휘어져) 로켓은 더욱더 강한 힘을 써야 했을 것이다. 결국, 시계와 로켓은 '돌아올 수 없는 지점', 즉 아무리 힘을 써도 떨어지는 것을 막을 수 없고 빛조차 바깥 우주로 빠져나올 수 없는 지점에 다다를 것이다. 이 돌아올 수 없는 지점이 1장에서 처음 이야기했던 사건의 지평선이다.[1] 사건의 지평선이라는

---

1) 여기서 나는 회전하지 않는 블랙홀을 가정하고 있다. 회전하는 블랙홀은 시공간 구조가 좀
   더 복잡해서 사건의 지평선(내부 지평선과 외부 지평선으로 나뉜다) 근처에서 다른 효과들도
   관련되지만, 기본적인 아이디어는 변하지 않는다.

이름은 그 안에서 일어나는 사건은 바깥 우주에서 볼 수도 없고 바깥 우주에 영향을 미치지도 않기 때문에 붙었다.

유의하라. 사건의 지평선은 중력이 너무나 강해 빛의 속도에 이르러야 탈출할 수 있는 곳으로 묘사되는 것을 종종 들을 것이다. 하지만 이것은 그리 적절한 묘사가 아니다. 왜냐하면 탈출속도에 조금 못 미치는 로켓이 지구를 '거의' 빠져나갈 뻔하는 것처럼 빛이 '거의' 빠져나올 뻔한 것으로 들리기 때문이다. 하지만 위로 올라갔다 천천히 느려지며 다시 내려오는 로켓과는 달리 빛은 언제나 빛의 속도로 진행한다. 그래서 이보다 더 나은 비유는 폭포가 있는 강이다. 여기서는 공간 자체가 블랙홀을 향해 흐른다.[2] ('흐르는 공간'이라는 아이디어는 이상하게 들릴지 모르지만, 블랙홀 근처의 시공간의 움직임을 수학적으로 정확하게 묘사한 것이다.) 블랙홀에서 멀리 떨어진 곳에서 이 공간의 '강'은 아주 느리게 흘러서 그 흐름을 알아채지 못한다.

하지만 사건의 지평선에 다가가면서 강은 점점 더 빠르게 흘러 강의 흐름에 거슬러 노를 젓기가 점점 더 힘들어진다. 사건의 지평선은 폭포다. 여기서 공간은 '절벽으로 떨어진다'. 블랙홀을 향한 흐름이 너무나 빨라서 빛의 속도로 이동하는 배도 절벽으로 떨어지고 만다. 이 비유는 우리를 다시 앞선 블랙홀과 '빨아들이기' 이야기로 되

---

2) 콜로라도 대학교 교수 앤드루 해밀턴(Andrew Hamilton)이 생각해 낸 이 비유는 천체 투영관 쇼와 해밀턴이 과학 부문을 담당했던 영화 <블랙홀(Black Holes: The Other Side of Infinity)>에서 훌륭하게 묘사되어 있다. 해밀턴의 '블랙홀 안으로(Inside Black Holes)' 웹사이트에도 묘사되어 있다.

돌아가게 한다. 공간의 흐름을 느낄 수 없는, 블랙홀과 멀리 떨어진 곳에서 궤도는 뉴턴의 만유인력 법칙으로 계산할 수 있고, 블랙홀이 당신을 '빨아들이지' 않을 것이 분명하다. 하지만 아주 가까이 갔을 때는 공간의 흐름이 결국 너무나 강해져서 '빨려 들어가는' 듯 느껴질 수 있다. 그렇지만 폭포 바닥의 물웅덩이가 당신을 빨아들이지 않는 것처럼 블랙홀도 당신을 빨아들이지 않는다. 주위의 강이 흐르기 때문에 폭포로 떨어지는 것이고, 주위의 공간과 함께 실려 가기 때문에 블랙홀로 빠진다. 당신을 빨아들이는 우주의 진공청소기는 없다.

사건의 지평선에 대해 생각하는 또 다른 방법은 일반 상대성 이론에서 배운 시간 지연과 중력에 의한 빛의 적색이동을 적용하는 것이다. 중력이 강하면 강할수록 시간은 더 느려지고 빛은 더 붉은색을 띠게 된다는 사실을 상기하라. 이 아이디어를 극단으로 몰아가면, 중력이 너무나 강해서 최소한 블랙홀 바깥의 관찰자에게는 시간이 느려지다 못해 멈추게 되고 빛은 무한히 붉은색으로 변하는 지점을 상상할 수 있을 것이다. 이상하게 들릴지는 몰라도 이것은 사건의 지평선에서 관찰할 수 있는 바를 묘사하고 있다. 그래서 1장에서 당신의 시계가 사건의 지평선을 향해 떨어지면서 빛은 점점 붉은색으로 변해 시야에서 사라졌고, 그러면서 시간도 멈추게 된다는 사실을 알았다.

이제 1장에서 나온 아이디어 중 마지막 하나를 설명할 차례다. 바로 열성이 지나쳐 블랙홀로 뛰어든 당신 동료의 운명이다. 조석력 때문에 죽는다는 사실을 무시하고 그의 관점에서 볼 때, 그는 순식간에 사건의 지평선을 넘어 블랙홀로 빠질 것이다. 이것은 이제 이해가 된다. 당신의 로켓 모양 우주선이 우주에서 가속을 하거나 중력장 안에 있을 때(그림 6.8 참조), 당신은 알의 시간이 느리게 흐르는 것을 관찰했지만, 알은 자신의 시간이 정상적으로 흐른다고 생각했던 것을 상기하라.

이와 똑같은 아이디어가 블랙홀로 뛰어든 당신의 동료에게는 좀 더 극단적으로 적용된다. 블랙홀 주위 궤도를 도는 당신의 관점에서 볼 때, 그의 시간은 점점 느리게 흐르다가 사건의 지평선에서 멈춘다. 그래서 당신은 그가 사건의 지평선에 다다르고 넘는 것을 보지 못할 것이다. 하지만 그의 관점에서 볼 때, 그의 시간은 언제나 정상적으로 흐르는 듯 보이고, 사건의 지평선을 넘을 때도 별로 특이한 점을 느끼지 못할 것이다. 그는 계속해서 블랙홀의 중심을 향해 빠르게 떨어질 것이다.

요약하면 사건의 지평선은 본질적으로 블랙홀 내부와 바깥 우주 사이의 경계다. 바깥에서 봤을 때 사건의 지평선은 세 가지 중요한 특징을 지닌다. 즉, 바깥 우주로 돌아오기가 불가능해지는 장소이고, 시간이 멈춘 것으로 보이는 장소이며, 빛이 무한히 적색이동을 하는 장소이다. 하지만 경계가 보이는 것은 아니다. 블랙홀로 떨어지는 물체에게 사건의 지평선은 그저 블랙홀 안에서 기다리는 운명으로 향하면서 그 너머로 가면 바깥 우주와 더 이상 접촉할 수 없는 장소일 뿐이다.

| 블랙홀의 특성

앞에서 이야기했듯이 이론상 태양을 충분히 압축시키면 블랙홀이 될 수 있다. 그러면 태양을 이루고 있던 물질은 어떻게 될까? 이 물질은 블랙홀 속으로 사라져 버리고 더 이상 보통 의미에서의 '물질'이 아닐 것이다. 본질적으로, 태양은 물질 없는 질량이 되어 시공간을 휘어지게 할 것이다.

그러면 블랙홀을 보면 무엇이 보일까? 고무막 그림에 속지 말라. 깔때기 모양의 구멍은 그저 2차원적 비유일 뿐이다. 현실에서 블랙홀에 가까이 다가가 보면 3차원의 검은 구체가 보일 것이다. 그 크기는 역시 구체 모양인 사건의 지평선에 의해 결정된다.[3] 이론상, 사건의 지평선 둘레 길이를 계산할 수 있고, 그것에서 원의 반지름을 계산할 수 있다. 이 반지름을 슈바르츠실트 반지름이라고 하는데, 대개 블랙홀의 크기를 설명할 때 이용한다. 슈바르츠실트라는 이름은 아인슈타인이 일반 상대성 이론을 발표한 후 한 달이 지나기 전에 처음으로 블랙홀의 반지름을 계산해 낸 칼 슈바르츠실트(Karl Schwarzschild)의 이름에서 따왔다. 슬프게도, 슈바르츠실트는 이 반지름을 계산한 후 1년도 되지 않아 제1차 세계대전에서 독일 병사로 참전해 싸우다 병에 걸려 사망했다.

---

3) 블랙홀은 회전하지 않을 경우 완벽한 구체가 된다. 회전하는 블랙홀은 타원 모양으로 늘어진다. 또, 블랙홀의 실제 모양은 단순하지만, 블랙홀의 중력이 블랙홀 근처를 지나는 빛을 많이 휘게 하기 때문에 블랙홀 주변의 빛 패턴은 매우 복잡하다는 사실도 알아 두자.

블랙홀의 슈바르츠실트 반지름은 오직 질량에 의해서만 결정되기 때문에 슈바르츠실트 반지름을 계산하는 공식은 쉽다. 대략적으로 태양 질량을 기준으로 나타낸 블랙홀의 질량에다 3킬로미터를 곱한 값이다. 예를 들어, 1태양질량인 블랙홀(즉, 태양의 질량과 같은 질량을 가진 블랙홀)의 슈바르츠실트 반지름은 약 3킬로미터이고, 10태양질량인 블랙홀의 슈바르츠실트 반지름은 약 30킬로미터이고, 10억 태양질량인 블랙홀의 슈바르츠실트 반지름은 약 30억 킬로미터다. 슈바르츠실트 반지름은 사건의 지평선 둘레 길이나 블랙홀이 차지하는 것으로 보이는 공간의 크기를 설명하는 데 사용될 수 있으나, 슈바르츠실트 반지름을 직접 측정할 수는 없다는 점을 기억하자. 그 이유는 사건의 지평선 안쪽 시공간은 너무나 왜곡이 심해서 반지름이라는 개념이 의미가 없기 때문이다.

블랙홀이 본질적으로 물질 없는 질량이라는 아이디어는 블랙홀이 매우 간단한 존재라는 의미다. 적어도 블랙홀 바깥에서 우리가 알아낼 수 있는 측면에서는 그렇다. 예를 들어, 태양과 같은 질량을 가진 두 물체, 즉 보통의 항성과 거대한 다이아몬드가 있다고 치자. 두 물체가 어떤 식으로 붕괴하여 블랙홀이 된다면 더 이상 그 둘 사이의 차이점은 없다. 둘 다 그저 태양의 질량과 같은 질량을 가진 블랙홀일 뿐이다.

사실, 무엇이 변해 블랙홀이 됐든지 그 안에 무엇이 빠졌든지 상관없이, 단지 블랙홀은 질량 외에 두 가지 특성만 더 가지고 있다. 바로 전하와 회전 속도다. 전하는 큰 역할을 하지 않는 것으로 보인다. 블랙홀에 있는 양전하나 음전하는 블랙홀이 주변의 성간 가스에서 반대되는 하전 입자들을 끌어들여 빠르게 중화시켜버리기 때문이다. 회전은 사건의 지평선 가까이에서 상당한 영향을 발휘하고, 우리는 대부분의 블랙홀이 (그 형성 방식의 결과) 빠르게 회전하는 것으로 예상하기 때문에 블랙홀을 연구하는 물리학자들은 반드시 이들 영향을 고려해야 한다. 하지만 회전은 사건의 지평선 부근에서 멀어지면 거의 아무런 영향도 끼치지 않는다. 그러니 회전의 영향은 이 책에서 논하지 않겠다.

┃ 너무나 이상해서 믿을 수 없는

슈바르츠실트는 1916년에 그의 유명한 반지름 공식을 발견했지만, 대부분의 천문학자는 그 후 수십 년 동안 블랙홀이 실제로 존재한다고 생각하지 않았다.[4] 주요한 문제는 블랙홀이라는 개념이 그냥 이상해 보여서 믿을 수 없었던 것이다. 부수적인 문제도 있었으니, 슈바르츠실트 반지름을 계산하기는 쉽지만, 천문학자들은 실제 물체가 어떻게 그렇게 심하게 압축될 수 있는지를 알 수 없었던 것이다.

왜 그랬는지는 슈바르츠실트 반지름의 의미를 약간 더 깊이 있게 생각해 보면 이해가 간다. 요즈음에는 실제 (혹은 추정하는) 블랙홀의

---

4) "블랙홀"이라는 용어는 1967년 존 아치볼드 휠러(John Archibald Wheeler)가 만들어낸 후에 사용되기 시작했다. 그 전에는 컬랩서(collapsar), 다크 스타(dark star) 등 다양한 이름으로 불렸다.

크기를 나타내는 단위로 보통 쓰지만, 슈바르츠실트 반지름은 사실 어떤 질량을 가진 물체를 얼마나 작게 압축해야 하는지를 말해 주는 수치다. 예를 들어, 태양의 슈바르츠실트 반지름이 3킬로미터라고 한다면, 현재 태양의 반지름인 70만 킬로미터를 겨우 3킬로미터로 압축해야 블랙홀이 된다는 의미다. 그러면 태양은 자신의 사건의 지평선 안으로 사라져 버릴 것이다. 사실, 질량을 가진 모든 물체에 대한 슈바르츠실트 반지름을 계산할 수 있다. 태양질량의 약 30만분의 1 정도 질량인 지구는 슈바르츠실트 반지름이 약 1센티미터(3킬로미터의 30만분의 1)다. 즉, 지구를 구슬만 한 크기로 압축하면 지구는 블랙홀이 된다는 의미다. 심지어 사람에 대한 슈바르츠실트 반지름을 계산할 수 있는데, 그 크기는 원자핵보다 약 100억 배 작다. 다시 말해, 당신이 그 작은 크기로 압축되면 당신은 우주에서 사라져 자신의 미니 블랙홀로 들어간다.

그렇다면 블랙홀의 존재에 대한 핵심 질문은 자연이 물체를 물체 자신의 슈바르츠실트 반지름보다 더 작은 크기로 압축할 방법이 있느냐 없느냐다. 이것이 어떤 경우에 가능할 수도 있다는 중요한 실마리는 1931년 물리학자 수브라마니안 찬드라세카르(Subrahmanyan Chandrasekhar, NASA의 찬드라 X-선 우주망원경은 그의 이름에서 왔다)가 해 낸 계산에서 나왔다. 그 당시 천문학자들은 수많은 백색 왜성의 존재를 알고 있었다. 백색 왜성은 태양의 질량과 비슷한 질량을 가지면서도 압축되어 크기가 지구보다 크지 않다. 백색 왜성의 높은 밀도(백색 왜성 한 티스푼을 지구로 가져오면 작은 트럭보다 더 무거울 것이다)는 이미 천문학자들에게 놀라운 것이었지만, 찬드라세카르의 계산은 그보다 훨씬 더 밀도가 높은 물체들도 존재할 수 있음을 시사한다. 특히 그는 백색 왜성에 최대 가능 질량이 있음을 발견했다. 나중에 계산을 더 정교화하면서 그는 이 백색 왜성 한계(찬드라세카르 한계라고도 한다)가 태양질량의 약 1.4배라고 밝혔다. 이것은 만약 백색 왜성이 이 한계보다 더 큰 질량을 가지면 더 이상 자신의 중력을 감당하지 못하고 붕괴할 것임을 암시했다.

찬드라세카르가 연구를 발표하고 나서 몇 년 이내에 여러 다른 과학자들도 백색 왜성의 질량이 커져 백색 왜성의 한계를 넘으면 어떻게 될지를 독립적으로 연구했다. 그들은 그렇게 되면 원자를 이루는 전자와 양성자가 결합하여 둥그런 중성자를 형성해 소위 중성자별을 만든다고 밝혔다. 대부분의 천문학자는 중성자별이 너무 이상해서 믿을 수 없는 것으로 간주했지만, 적어도 프리츠 츠비키(Fritz Zwicky)와 월터 바데(Walter Baade)를 포함한 몇몇은 중성자별이 초신성 폭발(질량이 큰 항성이 생의 마지막에 일으키는 대폭발)의 자연스러운 부산물일 수 있다고 시사했고, 나중에 이 생각은 옳은 것으로 증명되었다. (6장에서 우리는 두 중성자별로 이루어진 쌍성펄서를 발견했고, 이 체계의 궤도가 점점 짧아지는 것은 중력파의 존재를 알려 주는 강력한 증거임을 알았다.)

천문학자들이 중성자별을 왜 그렇게 이상하게 봤는지 말하자면, 보통 중성자별은 태양보다 더 큰 질량을 가졌지만, 이 큰 질량이 반지름 겨우 약 10킬로미터인 공간에 압축되어 있음에 유의하자. 이 사실은 중성자별의 엄청난 밀도를 말해 준다(중성자별 한 티스푼은 지구의 큰 산보다 더 무거울 것이다). 중성자별의 엄청난 중력을 잘 실감할 수 있는 방법은 중성자별이 지구에 나타날 때를 가정해 보는 것이다. 중성자별은 크기가 비교적 작기 때문에 큰 도시 안에 쉽게 들어갈 정도다. 하지만 얌전히 있지는 않을 것이다. 실제로 중성자별의 질량은 지구의 질량보다 수십만 배나 더 크기 때문에, 지구는 중성자별 표면으로 '떨어질' 것이고, 그러는 과정에서 중성자별의 밀도만큼이나 압축될 것이다. 그 결과, 찌그러진 지구는 중성자별 표면에 당신의 엄지손가락 굵기만 한 구체로 남을 것이다.

다시 본 이야기로 돌아가서, 중성자별이 실제 존재한다고 믿는 과학자는 거의 없었지만, 그래도 중성자별의 특성을 알아내려는 노력은 계속되었다. 1938년, 로버트 오펜하이머(Robert Oppenheimer, 후에 첫 핵폭탄을 만든 맨해튼 프로젝트를 이끈다)는 중성자별도 최대 질량이 있는지 조사하기로 마음먹었다. 그와 동료들은 곧 중성자별도 최대 질량이 있다고 결론 내렸다. 그들은 중성자별의 질량이 겨우 몇 태양질량만 넘어도 중성자들이 발휘하는 내부 압력조차 엄청난 중력을 막지 못한다는 사실을 발견했다. 이때 중력은 그보다 더 큰 압력은 없을 정도로 커진다. 오펜하이머는 이 중력이 중성자별을 찌그러뜨려 블랙홀로 만들어 버릴 것이라고 추측했다.

과학에서 언제나 그렇듯이 중성자별이나 블랙홀이 실제로 존재하느냐의 질문은 증거로 해결되어야 했다. 첫 번째 핵심적인 증거는 백색 왜성 연구에서 나왔다. 다음 몇십 년 동안 천문학자들은 많은 백색 왜성들을 발견했다. 그들 중 어느 하나도 찬드라세카르가 계산한 질량 한계를 넘지 않아서, 찬드라세카르의 한계가 실제임을 시사했다. 많은 항성이 1.4태양질량 한계보다 질량이 더 크므로, 일부 항성은 결국 붕괴하여 (백색 왜성이 아니라) 중성자별이 될 수 있다는 아이디어는 좀 더 진지하게 받아들여지기 시작했다.

중요한 순간은 1967년에 일어났다. 영국의 대학원생 조슬린 벨(Jocelyn Bell)이 최초로 펄서를 발견했다. 펄서는 놀랄 만큼 규칙적으로 진동하는 전파를 내뿜는 천체다. 그녀가 발견한 최초의 펄서는 1.3초마다 전파를 내보내고 있었다. 이 타이밍은 당시 인간이 만든 어떤 시계보다 더 정확했다. 그리고 펄서라고 불리기 전 일부 천문학자들은 농담 반 진담 반으로 그것을 'LGM(little green men, 작은 녹색 인간: 외계인이 보내는 전파라는 의미에서)'이라고 부르기도 했다. 하지만 약 1년 내에 천문학자들은 펄서의 실체를 알아냈다. 그들은 계속 조사하다가 초신성이 폭발하고 난 잔해의 중심에서 펄서를 찾아냈다. 이것저것 종합해 본 천문학자들은 펄서가 빠르게 회전하고 있는 중성자별임을 알아냈다. 펄서가 진동하는 이유는 중성자별이 강한 자기장을 가지는 경향이 있어 자축을 따라 전파를 방출하기 때문이다. 그러므로 자축이 회전축에 대해 기울어져 있으면(지구가 그렇다. 지구의 자극은 지리상의 극과 수백 킬로미터 떨어져 있다), 방출되는 전파는 등대 불빛이 회전하듯이 회전한다. 한 번씩 회전할 때마다 전파가 지구 옆을 지나고, 그때마다 우리는 전파의 진동을 보게 된다. 빠른 회전 속도는 또한 중성자별의 작은 크기와 엄청난 밀도를 확인해 준다. 우리는 중성자별이 우리가 추측한 크기보다 그리 크지 않을 것을 알고 있는데, 큰 반지름으로 그렇게 빠른 속도로 회전한다는 건 그 표면이 빛의 속도보다 더 빠르게 움직임을 의미하기 때문이다. 또한 밀도도 예상한 만큼임을 알 수 있는데, 그보다 밀도가 약하면 중력이 약해져서 빠른 회전 속도를 견디지 못하고 분해될 것이기 때문이다.

'너무 이상해서 믿기 힘든' 중성자별이 실제로 존재한다는 분명한 증거를 본 천문학자들은 블랙홀의 존재 가능성에 대해서도 좀 더 열린 마음이 되었다. 그리고 얼마 지나지 않아 블랙홀이 실제 존재한다는 증거가 나오기 시작했다.

▌블랙홀의 기원

블랙홀이 존재한다는 증거를 찾고자 한다면, 두 가지 단계를 따라야 한다. 첫째, 중성자별의 한계 질량을 넘어서는, 놀랄 만큼 밀도가 높은 물체를 발견해야 한다. 둘째, 그러한 물체가 중성자별보다 훨씬 더 압축된 어떤 다른 이상한 물질 상태가 아니라 블랙홀이라고 믿는 것이다. 첫 번째 단계는 관찰을 통해 성취할 수 있지만, 두 번째 단계는 블랙홀이 어떻게 형성되는가에 대한 이해를 요구한다.

블랙홀 형성에 대한 이해의 핵심은 모든 천체는 자신을 더 작게 만들려고 하는 자기 중력의 힘과 이 힘에 대항하는 압력을 만드는 내부의 힘 사이에서 영원한 투쟁을 하고 있다는 사실을 아는 것이다.

지구부터 시작해 보자. 중력이 지구를 한 덩어리로 유지하고 구체의 모양을 가지게 한다. 하지만 좀 더 깊이 생각해 보면, 왜 중력이 거기서 그만두었는지 궁금해질 것이다. 다시 말해, 왜 중력은 지구를 더 압축시켜 더 큰 밀도를 가진 물체로 만들지 않았는가? 한술 더 떠서 왜 계속 압축해서 블랙홀을 만들지 않았는가? 그 대답은 지구는 원자들로 이루어져 있고, 원자들 간의 힘(원자를 이루는 하전 입자들 사이에 작용하는 전자기력에서 발생)은 누르려고 하면 더 강해지기 때문이다. 지구의 크기는 지구의 중력이 이에 저항하는 원자들 간의 힘과 자연스러운 균형을 이룬 결과다.

이와 똑같은 아이디어가 다른 행성, 위성, 소행성, 혜성에도 적용된다. 이들의 크기는 언제나 안쪽을 향해 작용하는 중력과 이 누르는 힘에 저항하는 경향이 있는 원자들이 발생시키는 힘 사이의 균형에 의해 결정된다. 그 결과는 때로 놀랍다. 특히 행성이 암석과 금속보다 훨씬 더 압축되기 쉬운 수소와 헬륨으로 주로 이루어져 있다는 사실을 생각하면 그렇다. 예를 들어, 목성의 질량은 토성의 3배 이상이지만, 두 행성의 크기는 거의 똑같다. 만약 토성에다 수소와 헬륨을 더한다면 중력이 증가해서 토성의 밀도가 더 높아질 것이다. 그에 따라 질량이 늘어나지만 크기는 거의 변화가 없을 것이다.

그러면 다음의 '더 깊은 질문'으로 들어간다. 항성들을 구성하는 요소는 목성이나 토성 같은 행성들과 거의 동일하다. 거의 전부가 수소와 헬륨이다. 그러면 무엇 때문에 목성은 행성이고 태양은 항성인가? 이 질문에 대답하기 위해 목성 같은 행성에다 질량을 계속 더하면 어떤 일이 일어날지를 생각해 보자. 질량을 더하면 더할수록 중력은 더욱더 강해지고, 이 더 강해진 중력은 점점 물체의 중심에 있는 핵을 압박하여 더 높은 밀도와 더 높은 온도를 만든다. 결국 물체의 중심부는 매우 뜨거워지고 밀도가 높아져서 수소의 핵들이 서로 세게 충돌하면서 융합을 일으킬 것이다. 바로 이 핵융합 과정이 항성을 빛나게 만든다. 수소 융합은 수소를 헬륨으로 만들고, $E = mc^2$에 따라 에너지를 발생시킨다. 헬륨의 핵이 수소의 핵보다 질량이 약간 더 작기 때문이다. 요약하면, 목성과 같은 행성과 항성 사이의 차이점은 모두 질량에 기인한다. 질량만 충분하다면,[5] 수소와 헬륨 가스 덩어리는 항성이 될 수밖에 없을 것이다.

항성의 크기도 행성과 마찬가지로 중력과 내부의 압력 사이의 균형으로 결정된다. 하지만 항성의 경우, 이 압력의 대부분은 핵융합이 발생시키는 에너지의 흐름에서 온다. 즉, 핵융합이 만드는 에너지가 항성 안의 가스 입자들을 계속 빠른 속도로 움직이게 하고, 이들 입자 사이의 계속적인 충돌이 중력의 누르는 힘에 대항해 항성을 지탱하는 내부 압력을 만든다(여기에다, 항성 내에서 에너지를 가지고 있는 광자들이 추가적인 압력을 공급한다. 이 광압은 질량이 큰 항성에서 특히 중요한 역할을 한다).

항성이 직면할 수밖에 없는 기본적인 문제는 핵융합이 영원히 계속되면서 에너지를 발생시킬 수는 없다는 점이다. 삶을 살아가면서

---

5) 항성이 되기 위한 최소 질량은 태양 질량의 약 8%이고, 이것은 목성 질량의 약 80배와 같다. 질량이 이보다 작으면 중력이 약해 물체의 중심부가 지속적인 핵융합에 필요한 온도와 밀도에 이를 수 없다.

항성은 계속 중심부에 있는 수소를 헬륨으로 바꾼다. 결국 언젠가는 수소를 다 써버리게 된다는 의미다. 다 써버릴 때까지의 시간은 항성의 질량에 달렸다. 언뜻 이해가 가지 않을지 모르나 질량이 높은 항성이 질량이 낮은 항성보다 더 짧은 삶을 산다. 그 이유는 항성의 중심부에서 융합이 일어나는 속도는 온도에 매우 민감해서, 비교적 적은 온도 상승에도 융합 속도가 크게 빨라진다. 질량이 더 큰 항성의 큰 중력은 중심부를 더욱 뜨겁게 만들고, 융합 속도를 훨씬 더 빨라지게 한다. 그래서 질량이 더 큰 항성은 질량이 더 작은 항성보다 훨씬 더 밝기도 하다. 사실, 질량이 큰 항성은 너무나 엄청난 속도로 수소를 태우기 때문에 몇백만 년이면 수소가 바닥날 수 있다. 반면, 태양처럼 질량이 작은 항성은 중심부의 수소가 바닥나기까지 100억 년 동안 꾸준하게 빛을 낼 수 있고, 태양보다 질량이 더 작은 항성은 그보다 더 오래 산다.

수소 융합이 언제 끝나든 이 끝은 중력이 누르는 힘에 대항하여 중심부를 지탱하던 내부 압력이 끝남을 의미한다. 이제 주로 헬륨으로 이루어진 항성의 중심부는 수축하기 시작해야 한다.[6] 이 수축은 중심부의 온도와 밀도를 더욱 높이고, 어느 시점에서는 너무나 뜨

---

6) 천문학을 공부한 독자들은 중심부가 수축하는 동안 바깥층들은 사실 팽창하기 시작하여 결국 항성이 적색 거성이 된다는 사실을 알 것이다. 이 팽창의 이유는 중심부의 수소는 바닥이 났고 중심부는 이제 주로 헬륨으로 구성되어 있지만, 중심부 위에는 아직 수소가 많이 남아 있기 때문이다. 중심부와 중심부를 둘러싼 층의 수축은 온도를 높여서 헬륨을 둘러싼 층에서 수소 융합이 일어나게 할 수 있다. 이 융합이 (높은 온도로 인해) 무척 빠른 속도로 진행되기 때문에 항성의 바깥층들은 확장한다.

겁고 치밀해져서 헬륨 융합이 시작될 것이다. 헬륨 융합의 기본적인 과정은 세 개의 헬륨-4 핵이 융합하여 한 개의 탄소-12 핵으로 되는 것이다. 그래서 중심부는 이제 점차 헬륨에서 탄소로 이루어진 모습으로 바뀐다(원소 이름 다음의 숫자는 원자 질량으로, 각 핵 안에 있는 양성자의 수와 중성자의 수의 합이다. 헬륨-4 핵은 2개의 양성자와 2개의 중성자로 구성되어 있고, 탄소-12 핵은 6개의 양성자와 6개의 중성자로 구성되어 있다). 수소 융합과 마찬가지로, 헬륨 융합 과정에서도 에너지가 발생한다. 그러므로 항성은 새로운 내부 압력 원천을 갖게 되고 이 압력이 중력으로 인한 수축을 막는다. 하지만 헬륨 또한 바닥이 나기 때문에 이 시간 벌기는 잠시뿐이다. 헬륨이 바닥나면 중력이 가차 없이 내리누르고 다시 한번 중심부는 수축하기 시작할 것이다. 일반적으로 항성의 헬륨 융합 기간은 수소 융합 기간의 약 10% 정도다.

다음에 일어나는 일은 항성의 질량에 달렸다. 태양처럼 비교적 질량이 작은 항성은 대부분 탄소로 이루어진 중심부가 되는 게 삶의 끝이라고 할 수 있다. 중심부가 충분히 뜨거워져서 탄소 융합이 시작되기 전에, 융합 에너지가 발생하며 항성을 지탱해 주는 압력과는 매우 다른 형태의 압력에 의해 항성의 수축은 멈출 것이다. 이 압력 형태를 전자 축퇴압(electron degeneracy pressure)이라 부른다. 이것이 백색 왜성의 운명에 이를 때 항성의 중심부가 중력에 저항하는 지배적인 압력의 원천이다.

전자 축퇴압의 정확한 성질은 블랙홀에 대한 우리의 이야기에서 다소 부수적인 것이어서 나는 이에 대해 많이 이야기하지는 않겠다.

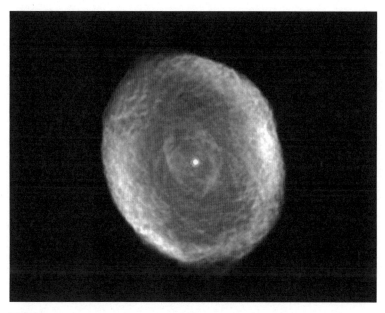

그림 7.2
이 허블 우주 망원경 이미지는 질량이 작은 항성이 죽어가며 떨어져 확장하는 가스, 즉 행성상성운의 한 예인 스피로그래프 성운(Spirograph Nebula)을 보여 준다. 성운의 한가운데 보이는 성운의 중심부는 백색 왜성으로, 중력의 누르는 힘을 전자 축퇴압이 막고 있다. NASA/허블우주망원경과학연구소.

화학 지식이 있는 독자들을 위해 덧붙이자면, 전자 축퇴압은 한 원자 안에서 두 전자가 같은 에너지 수준을 가지지 않는 것(전문 용어로 배타 원리)과 본질적으로 똑같은 이유로 생기는 압력 형태다. 다시 말해, 화학 시간에 배운 주기율표 순서와도 관련 있는데, 전자는 붕괴하는 항성의 중심부에서 서로 너무 가까이 다가가지 않으려고 저항하며 압력을 만든다.

전자 축퇴압은 질량이 작은 항성의 운명을 설명한다. 본질적으로 이 압력이 중심부 수축을 멈추게 하는 것과 동시에, 항성은 또 바깥

층을 우주로 벗어 던진다. 몇천 년 동안 이들 바깥층은 항성 주위에서 확장하는 가스 형태로 관측될 것이다. 우리는 이 가스를 행성상 성운(그림 7.2)이라고 부른다. 행성과는 아무 관계도 없지만 말이다(모양이 행성 모양이기 때문에 붙은 이름이다). 그래서 항성의 중심부는 이 가스 껍질을 가진 채 노출이 되고 전자 축퇴압이 중심부 붕괴를 멈추었으므로, 이 중심부는 이제 백색 왜성이다. 다시 말해, 백색 왜성은 질량이 작은 항성의 '죽은' 잔해이고, 전자 축퇴압에 의해 영원히 지탱되기 때문에 더 이상 붕괴하지 않는다. 이제 우리는 백색 왜성의 질량이 왜 찬드라세카르가 처음 계산한 한계, 즉 태양질량의 1.4배를 넘지 않는지도 설명할 수 있다. 항성의 질량이 크면 클수록 그 중심부를 찌그러뜨리려는 중력의 힘도 더 커진다는 사실을 기억하라. 찬드라세카르의 계산은 중심부의 질량이 태양 질량의 1.4배를 넘으면 중력이 너무 강해서 전자 축퇴압이 더 이상 중심부의 붕괴를 막지 못할 것임을 보여 주었다.

어떤 의미에서 백색 왜성은 압력과 중력 사이의 영원한 휴전이라고 말할 수 있다. 이 휴전은 비교적 질량이 작은 항성인 경우에만 적용되므로, 이제 질량이 더 큰 항성에는 어떤 일이 일어날지를 알아보자.

질량이 큰 항성은 붕괴하는 중심부의 밀도와 온도가 마침내 탄소 융합을 일으키기에 충분한 정도가 되어 탄소 융합이 시작되고, 그 융합이 또다시 중력의 힘을 잠시 견디게 해 준다. 탄소 융합의 결과 주로 생기는 산물은 산소다(탄소 융합 과정은 대개 헬륨-4와 탄소-12가 융합하여 산소-16을 생성한다). 그러다가 탄소가 바닥나면 산소 융합이 시작되어 그 결과 주로 네온이 생기고, 그러면 다시 네온 융합이 시작되고 등등의 과정이 이어진다. 하지만 중력의 내리누르는 힘은 <스타트렉>에 나오는 외계 종족 보그들이 하는 유명한 말, "저항은 무의미하다(Resistance is futile)"와 같다. 각 원소의 융합은 이전 원소의 융합보다 더 짧게 끝나고, 어느 날 융합의 산물은 철이 된다. 그러면 항성은 종말을 맞는다.

문제는 철을 융합하면 에너지를 발생시키지 못한다는 것이다. 사실, 철의 융합은 에너지를 발생시키는 것이 아니라 에너지를 소모한다. 그러므로 철로 된 중심부가 붕괴하기 시작하는 순간 항성은 파국을 맞는다. 이 붕괴는 순식간에 엄청난 양의 중력 위치에너지를 발생시키고, 그 결과 중심부를 제외한 나머지 부분이 폭발한다. 이 폭발이 초신성이다. 초신성은 모든 천문학책에서 더 자세히 읽을 수 있는 장관을 이루는 사건이다. 여기서 우리는 안으로 붕괴한 중심부에 무슨 일이 일어나는지에 초점을 맞출 것이다.

우리는 이미 중심부 질량이 너무 커서 전자 축퇴압으로 붕괴를 막을 수 없다는 사실을 안다. 그리고 전자 축퇴압은 전자가 중력에 대해 저항하는 마지막 저항선이기 때문에 전자는 이제 양성자와 결합하는 수밖에 선택의 여지가 없고, 양성자와 결합하여 중성자가 된다. 붕괴한 중심부는 본질적으로 중성자 덩어리가 되고, 이것이 앞서 우리가 정의한 중성자별이다. 다시 말해, 중성자별은 초신성에 의해 형성되고, 그래서 초신성 잔해에서 종종 중성자별들을 관찰할 수 있다.

하지만, 초신성에서 나올 수 있는 결과는 중성자별만이 아니다.

중성자별에서 중력의 찌그러뜨리려는 힘을 막는 압력을 중성자 축퇴압(neutron degeneracy pressure)이라고 부른다. 이 압력은 중성자에서 일어난다는 점만 제외하면 전자 축퇴압과 같다. 앞서 이야기했듯이 오펜하이머와 동료들은 중성자 축퇴압이 중력을 막아낼 수 있는 데도 한계가 있음을 발견했고, 현대에서 이 한계는 중심부 질량이 약 3태양질량일 때라고 계산해냈다. 그러면 붕괴하는 중심부가 이 중성자별의 한계를 넘으면 어떻게 될까?

그럴 경우, 중성자들이 발휘하는 압력은 중력의 힘을 막기에 부족하다. 즉, 중심부의 붕괴는 계속되어야 함을 의미한다. 블랙홀이 너무 이상해서 믿을 수 없다고 생각한다면, 뭔가 다른 이상한 물질이 또 다른 형태의 압력을 만들어 붕괴를 막아주기를 바라야 할 것이다. 하지만 그런 물질이나 압력을 일으킬 원천은 알려져 있지 않다. 더구나 그러한 물질이나 압력이 존재할 가능성이 희박한 두 가지 주요 이유가 있다.

첫 번째 이유는 단순한 크기 문제다. 일반적으로 중성자별의 반지름은 겨우 약 10킬로미터이고, 3태양질량 블랙홀의 슈바르츠실트 반지름은 약 9킬로미터다(1태양질량 블랙홀의 슈바르츠실트 반지름 3킬로미터에다 3을 곱한 값). 이것은 중성자별과 블랙홀 사이에 그리 공간이 많지 않다는 의미다. 즉, 중성자별이 조금만 붕괴해도 사건의 지평선 안으로 사라져 블랙홀이 될 것이다.

두 번째이자 더 설득력 있는 이유는 중력의 작용이다. $E = mc^2$은 질량과 에너지가 결국 같다고 말하고 있음을 상기하라. 그러므로 에너지는 이론상, 질량과 마찬가지로 중력의 원천이 되어야 한다. 대부분의 물체는 내부 에너지는 무시해도 될 정도로 미미하지만, 중성자별의 한계를 넘는 질량을 가진 별이 붕괴하는 극단적인 상황의 중심부라면 그렇지 않다. 중성자별의 붕괴하는 중심부에서 내부 에너지는 너무나 커져서 이 내부 에너지는 스스로 상당한 중력을 발휘한다. 이 추가로 생긴 중력은 서로에게 힘을 전달하는 순환 관계가 되므로 붕괴가 계속되면서 더 많은 에너지를 방출하고, 그러면 중력이 더 커지고, 중력이 더 커지면 또 붕괴를 시키고, 그러면 더 많은 에너지가 방출되고 이것이 또 중력의 세기를 증가시키는 식으로 이어진다. 우리가 아는 한, 아무것도 이 순환을 멈출 수 없다. 중심부는 끝없이 붕괴하면서 블랙홀이 된다.

| 블랙홀의 질량

우리가 이야기한 블랙홀 생성 과정은 모든 블랙홀이 태양 질량의 몇 배에서 몇십 배 되는 질량을 가지고 있다는 전제를 바탕으로 했다. 그것이 중성자별 한계를 넘어 중심부가 붕괴하는 경우에 기대할 수 있는 질량이기 때문이다. 하지만 1장에서 이야기했듯이 다른 종류의 블랙홀도 있다. 바로 은하계 중심에 있는 초질량 블랙홀이다.

과학자들은 이들 초질량 블랙홀이 정확히 어떻게 생성되었는지는 모르지만, 그 과정을 추측해 보기는 어렵지 않다. 예를 들어, 초질량 블랙홀은 별들이 빽빽한 은하계의 중심에 있기 때문에 초신성으로 형성된 많은 블랙홀이 합쳐져서 생겼을 수도 있다. 초질량 블랙홀의 질량이 충분히 커지면, 그 조석력이 강해져 곁을 지나는 다른 항성들을 찢어 버릴 것이다. 이런 항성의 가스가 블랙홀 주위를 원반 모양으로 돌게 되고, 이 원반 내의 마찰력이 원반 내 입자들의 궤도를 점차 붕괴해서 끝내 입자들을 블랙홀로 빠지게 하고, 그래서 블랙홀의 질량은 더 커질 것이다. 정확히 어떤 식으로 형성되었든 간에 초질량 블랙홀의 존재는 놀라운 것이 아니다. 질량이 약 3태양질량인 물체의 중력이 어떤 내부 압력도 압도해 버린다면, 그것보다 질량이 훨씬 더 큰 물체야 당연히 내부 압력을 압도하지 않겠는가?

이제 1장에서 우리가 아는 한 모든 블랙홀은 적어도 태양 질량의 몇 배는 되는 질량을 가지고 있다고 말한 이유를 이해할 것이다. 그보다 질량이 작은 물체의 중력은 중력에 저항하는 모든 형태의 압력을 극복할 만큼 강하지 못하기 때문이다. 그렇지만 일부 물리학자는 중력 붕괴 이외의 과정을 통해서 질량이 훨씬 작은 '미니 블랙홀'이 되는 경우가 있을 수 있다고 시사하고 있다.

두 가지 주요 유형의 미니 블랙홀이 제안되었다. 첫 번째는 빅뱅 동안 형성되었을지 모르는 미니 블랙홀이다. 기본적인 아이디어는 빅뱅의 엄청난 에너지가 물체를 압박하는 힘을 주어 물체를 블랙홀로 만들었다는 것이다. 물체의 자체 중력은 블랙홀이 될 만큼 강하지 못하지만 말이다. 이것이 사실이라면, 우주에는 행성이나 작은 항성의 질량과 비슷한 질량의 블랙홀이 수없이 많이 있을 수 있다. 이 가능성은 빅뱅 초기의 상황을 모형으로 만들려는 과학자가 조사하고 있다. 이 가능성은 완전히 배제할 수 없고, 대부분의 모형은 비교적 작은 질량이 미니 블랙홀로 변했음을 보여 준다(뒤에 있는 항성에 미치는 중력 렌즈를 찾음으로써). 이러한 블랙홀을 실제로 찾으려는 관찰 노력은 아직 성공적인 결과를 내지 못하고 있다.

두 번째 유형의 미니 블랙홀은 원자보다 작은 수준에서 일어나는 일종의 양자 요동(quantum fluctuation)에 의해 생기는 것으로 가정하고 있다. 이들 잠재적 '마이크로 블랙홀'은 유럽에 있는 강입자 충돌기에서 만들어질 수 있는데, 이들이 지구를 파괴할 수도 있다는 언론의 보도 때문에 오명을 얻었다.

일부 물리학자들은 실제로 그러한 마이크로 블랙홀이 강입자 충돌기에서 생성될 수 있는 시나리오를 제안했지만, 이들이 옳다 해도 걱정할 필요는 없다. 그 이유는 강입자 충돌기가 인간이 지금껏 만든 다른 어떤 기계보다 에너지를 집중하여 입자들을 만들 수 있지만, 자연은 일상적으로 그러한 입자들을 만들어낸다. 그러한 입자 중 일부는 가끔 지구에 내려오지만, 그것들이 위험했다면 우리는 오래전에 그 고통을 당했을 것이다.

마이크로 블랙홀이 '안전한지' 궁금해할지도 몰라 가장 신빙성 있는 대답을 들자면, 저명한 물리학자 스티븐 호킹(Stephen Hawking)이 처음 제안한 과정인 호킹 복사(Hawking radiation)가 있다. 자세히 설명하면 복잡하지만, 본질적으로 호킹은 양자 물리학의 법칙들에 따르면 블랙홀이 점차 '증발하여' 아무것도 사건의 지평선 안에서 빠져나올 수 없음에도 불구하고 질량이 줄어들 수 있다고 말했다. 증발 속도는 블랙홀의 질량에 따라 달라지는데, 질량이 작은 블랙홀이 훨씬 더 빨리 증발한다. 증발 속도는 항성만큼의 질량이나 그보다 더 큰 질량을 가진 블랙홀에서는 무시할 수준이지만, 마이크로 블랙홀은 어떤 해를 끼치기 전 순식간에 증발해 버릴 것이다.

| 블랙홀의 존재를 입증하는 관찰상의 증거

이제 블랙홀의 형성 과정을 이해했으니, 관찰로 블랙홀을 찾는 것은 꽤 간단하다. 우리는 지극히 밀도가 높고, 중성자별이 되기에는 질량이 너무 큰 물체를 찾으면 된다.

1장에서 이야기했듯이, 그러한 물체를 찾는 가장 쉬운 방법은 강렬한 X-선이 발생하는 원천을 찾는 것이다. 시그너스 X-1의 경우를 상기하자. 우리는 쌍성계에서 작은 물체 주위를 도는 매우 뜨거운 가스에서 나오는 X-선을 관찰한다(그림 7.3). 그 뜨거운 가스가 작은 물체 주위를 도는 속도로 볼 때 우리는 그 물체가 중성자별이거나 블랙홀임에 틀림없다고 결론 내린다. 그 물체의 질량이 중성자별 한계를 꽤 크게 초과하기 때문에(15태양질량, 중성자별 한계는 3태양질량), 우리는 시그너스 X-1이 블랙홀을 담고 있다고 결론 내린다.

은하계의 중심에 초질량 블랙홀이 있다는 주장은 훨씬 더 설득력

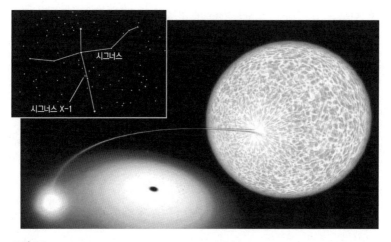

그림 7.3

이 그림은 시그너스 X-1 체계의 개념도다. 함께 있는 항성(오른쪽)의 가스가 블랙홀로 향하고, 블랙홀의 뜨거운 가스에서 강렬한 X선이 나온다. 우리는 가운데의 작은 물체가 블랙홀임을 확신할 수 있다. 중성자별이 되기에는 질량이 너무 크기 때문이다. 삽입된 작은 그림은 시그너스 별자리(백조자리)에서 이 쌍성계의 위치를 보여 준다. 제프리 베네트, 메건 도나휴, 닉 슈나이더, 마크 보이트 공저의 『우주적 관점』 7판(2014년)의 그림 재사용.

이 있다. 어떤 블랙홀은 태양 질량의 수백만 배에서 수십억 배에 달하는 질량이 매우 작은 공간에 들어 있다. 이들 질량은 중성자별 한계보다 너무나 커서 블랙홀 외에 다른 물체로 생각하기 힘들다.

▌특이점과 지식의 한계

지금까지 살펴보았듯이, 우주에 블랙홀은 실제 존재하며 흔하다는 아이디어를 강력하게 뒷받침하는 증거가 있다. 그러면 다시 블랙홀 안에는 무엇이 있느냐는 질문으로 돌아오게 된다.

과학의 관점에서 이 질문은 매우 답하기 어렵다. 문제는 사건의 지평선이 블랙홀의 안과 밖의 경계라는 점 외에도 또 다른 중요한 경계이기 때문이다. 사건의 지평선 안의 어떤 것도 관찰할 수가 없기 때문에 그 안에 무엇이 존재하는지 관찰 증거나 실험 증거를 모을 방법이 없다. 그런 의미에서 블랙홀의 안은 관찰 가능한 우주 밖에 놓여 있듯이 과학의 영역 밖에 놓여 있다.

그렇지만 우리는 물리학 법칙을 이용해 블랙홀 안에서 무슨 일이 일어나는지를 예측할 수 있다. 우리는 이들 예측이 옳은지 아닌지를 확인할 방법이 없다는 사실을 염두에 두어야 하지만, 이들 예측은 그래도 흥미로운 결과들을 제공할 수 있고, 이들 흥미로운 결과는 실험할 수 있는 다른 아이디어를 제시해 줄지도 모른다.[7] 이 점을 유의하면서 다시 블랙홀을 형성하는 항성 중심부의 붕괴로 돌아가 보자.

이 중심부의 붕괴에서 아무것도 중력의 힘을 막을 수 없기 때문에 중심부가 무한히 작고 밀도가 높은 점, 즉 특이점이 될 때까지 붕괴가 계속되리라고 결론 내리는 것은 논리적이다. 다시 말해, 블랙홀이 된 원래 물체의 모든 질량은 시공간이 무한히 휘어진 장소, 즉 특이점에서 무한한 밀도로 압축될 것이다. 마찬가지로, 블랙홀로 뛰어든 당신의 동료 역시 최소한 그의 관점에서 볼 때, 빠르게 특이점을 향해 떨어

---

7) 이 방식은 우리가 다른 물체들을 연구하는 방식과 그리 다르지 않다. 예를 들어, 우리는 지구의 중심부나 태양의 내부 샘플을 직접 채취할 수는 없지만, 바깥에서 관찰한 바에 맞아떨어지는 특성들을 계산해 낼 수 있기 때문에 그것들을 이해한다고 확신할 수 있다.

지면서 무한한 밀도로 압축되어 버릴 것이다.

유감스럽게도, 무한히 밀도가 높은 특이점이라는 개념은 일반 상대성 이론에 따르면 이치에 맞는 듯 보이지만, 또 다른 매우 성공적인 물리학 이론, 바로 원자와 원자보다 작은 입자들의 성격을 설명하는 양자역학 이론에 따르면 그렇지 않다. 자세히 들어가지는 않겠지만, 기본적인 문제는 이렇다. 양자역학은 유명한 불확정성 원리(uncertainty principle)를 포함하고 있는데, 불확정성 원리는 물체의 위치와 물체의 운동을 완벽하게 알 수 없다고 말한다. 그 결과, 양자역학은 본질적으로 특이점은 시공간이 혼란스럽게 요동치며 변하는 지점이라고 말하고 있다. 이것은 시공간이 무한히 휘어진 지점이라는 말과 같지 않다.

일반 상대성 이론과 양자역학이 특이점의 성격에 대해 서로 다른 답을 내놓고 있다는 것은 두 대답이 모두 옳을 수는 없다는 의미다. 우리는 그러므로 현재 과학 지식의 한계에 부딪혔다. 이것은 지금 당장 특이점을 알 수 없다는 점에서는 유감이지만, 과학계에서 볼 때는 매우 흥분되는 일이기도 하다. 본질적으로, 이 상황은 전자기학의 공식이 빛의 속도에 대한 기준틀을 제시하지 못했을 때나 수성의 궤도가 뉴턴의 법칙이 예측한 바와 맞아떨어지지 않을 때와 같다고 할 수 있다. 이러한 문제들이 아인슈타인으로 하여금 특수 상대성 이론과 일반 상대성 이론을 발견하게 이끌었듯이, 과학자들은 특이점의 문제도 결국 새롭고 더 나은 이론으로 우리를 이끌 것이라고 낙관하고 있다. 일반 상대성 이론과 양자역학이 이전의 중력 이론과 원자 이론을 보완한 것처럼 앞으로 나올 새로운 이론도 이들 두 이론을 보완할 것이다.

▌초공간, 웜홀, 워프 항법

블랙홀의 내부를 관찰할 수 없다는 사실은 공상 과학 영화나 소설 작가에게 풍부한 상상력을 발휘할 여지를 준다. 예를 들어, 1장에서 우리는 블랙홀이 우주의 한 부분에서 다른 부분으로 이동하는 통로를 제공할지도 모른다는 아이디어에 대해 잠시 이야기를 나눴다. 이제 이 아이디어가 어디에서 나오는지 알 수 있다. 우주의 일부를 휘어진 고무막으로 머릿속에 그리고, 블랙홀을 고무막에 난 깊은 '우물'로 생각한다면, 두 블랙홀이 우리가 보통 생각하는 4차원의 시공간 밖의 초공간 어딘가로 서로 연결될 수 있다고 상상할 수 있다. 이 것이 웜홀(worm-holes)의 기본적인 개념이다. 하지만 아인슈타인의 공식들로 계산하면 웜홀은 사실 두 블랙홀을 연결하지 않는 것으로 나타난다. 유감스럽게도, 수학 계산은 웜홀이 존재한다고 시사하긴 하지만, 웜홀은 또한 불안정해서 그곳을 통해 이동하려는 순간 무너져 버릴 것이라고 말하고 있다.

그렇지만 일부 물리학자들(특히 캘리포니아공과대학〔Caltech〕의 킵 손)은 어떤 선진 문명이 웜홀을 항성 간 터널 체계로 이용하는 모습을 상상하면서 이 불안정성 문제를 피할 수 있는 방법들을 조사하고 있다. 지금까지는 어떤 방법도 그리 실행 가능할 것 같지 않지만, 우리는 웜홀 여행을 완전히 배제할 수는 없다. 그래서 웜홀은 공상 과학에서 그렇게 인기가 많고, 칼 세이건(Carl Sagan)은 자신의 훌륭한 소설 『콘택트(Contact)』에서 웜홀 터널 네트워크를 이용했다. 이 책은 후에 동명의 영화로도 만들어졌다.

초공간을 통과하는 터널 개념을 한 단계 더 발전시키면, 일반 상대성 이론이 허용하는 듯 보이는 빛보다 빠른 우주의 한 장소에서 다른 장소로 이동하는 방법을 아마 볼 수 있을 것이다. 예를 들어, 영화 <스타워즈> 작가들은 초공간으로 '점프'해 들어가 우리의 우주를 떠났다가 다시 우주의 원하는 장소로 점프해 나오는 방식을 상상했다. 또한 <스타트렉> 작가들은 워프 항법을 창조해냈다. 시공간을 구부려 떨어진 두 지점을 초공간에서 만나게 해 그 사이를 이동하는 방식이다. 이들 아이디어 중 어느 것도 특수 상대성 이론의 빛보다 빠른 이동은 불가능하단 개념을 위반하지 않았다는 점에 유의하라. 빛보다 빠른 이동이 불가능하다는 말은 우리가 아는 평범한 공간에서의 이동에만 적용되기 때문이다. 우주를 떠나서 초공간을 통해 이동한다면, 이 불가능은 적용되지 않는다.

이들은 모두 재미있는 아이디어이고, 현재 알려진 물리학 법칙도 이들 이색적 이동 형식 중 어느 것도 배제하지 않고 있다. 하지만 이들 중 어떤 것이 이론상 가능하다고 해도, 실제 이동에 사용하는 것은 현재 우리가 생각할 수 있는 기술의 범위 너머에 있다. 따지고 보면, 어떻게 우주를 떠나서 초공간을 통과하고 다시 우주로 나올지 알 수 없고, 시공간을 중력에 의해 자연스레 휘어진 정도보다 더 크게 휠 방법을 찾는 것은 매우 큰 공학적 도전으로 보인다. 이에 더해, 많은 과학자는 또 다른 이유로 이들 아이디어에 반대한다. 시공간에서는 시간과 공간이 서로 뒤얽혀 있기 때문에, 이들 이동 방식은 공간뿐만 아니라 시간 속을 이동하게 해 주는 것으로 보이기 때문이다. 시간 이동의 잘 알려진 역설, 예컨대 과거로 돌아가 부모님을 서로 만나지 못하게 하는 등 때문에 많은 물리학자는 시간 이동이 가능하다고 생각하지 않는다. 스티븐 호킹의 말을 빌자면, '역사가들이 세상을 올바르게 기술하게 하려면' 시간 이동은 금지되어야 한다.

결론은 평범한 공간에서 빛을 능가하는 속도가 없다고 자신 있게 말할 만큼 시간 이동이나 초공간 이동이 불가능하다고 말할 수 없다는 것이다. 불가능하다고 밝혀질 때까지 공상 과학 작가들은 상대성 이론이나 다른 알려진 자연의 법칙과의 충돌을 피하면서 신중하고 안전하게 허구의 공간 이동 기법들을 선택할 수 있다.

블랙홀은 빨아들이지 않는다

우리는 이제 1장에서 시작했던 상상의 블랙홀 여행을 마치게 되었다. 그러므로 블랙홀 이야기를 마무리하면서 블랙홀이 무엇인지, 블랙홀이 주변 물체에 어떤 영향을 미치는지, 블랙홀에 떨어진 물체에게는 어떤 일이 일어나는지 핵심 사항들을 요약해 보자.

블랙홀이란 무엇인가: 아인슈타인의 일반 상대성 이론에 따르면, 우리가 중력이라고 여기는 것은 사실 시공간의 휘어짐에서 오는 것이고, 이 휘어짐은 질량을 가진 물체에 의해 만들어진다. 블랙홀은 크기가 너무나 수축하여 관찰 가능한 우주에 구멍을 낼 정도의 질량을 가진다. 어떤 물체가 블랙홀에 빠지면 바깥 우주는 그 물체와 전혀 접촉할 수 없다.

블랙홀 주변의 물체들에는 어떤 일이 일어나는가: 블랙홀의 중력은 동일한 질량을 가진 다른 모든 물체의 중력과 다르지 않다. 단, 블랙홀에 아주 가까이 다가갈 때 중력은 훨씬 더 극단적이 된다(시공간이 훨씬 더 많이 휘어진다). 멀리 떨어져 있을 때는 다른 모든 질량이 큰 물체 주위에서 그렇듯이 블랙홀 주위에서도 궤도를 돈다. 빨아들이지는 않는다.

블랙홀에 떨어진 물체에게는 어떤 일이 일어나는가: 첫째, 블랙홀에 우연히 빠지기는 힘들다. 블랙홀은 크기가 아주 작기 때문에 멀리서 와서 빠지려면 거의 완벽하게 겨냥을 해야만 한다. 블랙홀에 쉽고 자연스럽게 빠지는 유일한 것은 블랙홀 주위의 가스인데, 블랙홀 주위를 빙빙 도는 가스는 마찰력을 일으키고 이 마찰력은 가스 입자의 궤도를 점점 붕괴시켜 입자를 블랙홀에 빠지게 한다. 어떤 것이 블랙홀로 떨어질 때 바깥에서 지켜보면 물체가 사건의 지평선에 다가가면서 시간이 멈추는 것을 볼 것이다. 동시에 물체의 빛이 무한히 붉은색으로 변하면서 시야에서 사라지는 것을 볼 것이다. 빛의 적색이동은 블랙홀로 떨어지는 물질이 실제로 비교적 빨리 시야에서 사라지는 이유이고, 그래서 그 물질이 사건의 지평선을 넘는 것을 보지 못할 것이다.

이렇게 요약을 마무리 짓고, 나는 블랙홀이 과학의 성격을 말해 준다고 생각하는 바를 적으면서 이 장을 마무리하고자 한다. 나는 과학자가 아닌 사람이 과학은 한계가 있으며 과학자들은 의심이 너무 많아 새로운 아이디어에 마음을 닫고 있다고 주장하는 것을 종종 듣는다. 블랙홀 이야기가 이에 대해 강력한 반대 주장을 제공한다. 아인슈타인 이전 시절에 우주에 구멍이 있고, 시간이 정지하고 빛이 무한히 적색으로 이동하는 사건의 지평선이 이 구멍의 경계라고 주장하는 사람이 있었다면 아마 미친 사람으로 간주되었을 것이다. 슈바르츠실트가 아인슈타인의 공식들을 이용해 블랙홀이라고 부르는 것이 존재할 수 있음을 증명한 후에도 거의 모든 과학자가 블랙홀이 너무 이상해서 믿을 수 없다고 생각했다. 1960년대까지만 해도 과학자들을 대상으로 여론조사를 했다면, 아마 대부분이 어떤 자연의 법칙이 발견되어 블랙홀같이 이상한 물체는 존재할 수 없음을 확인해 주리라 생각하고 있었을 것이다. 오늘날, 상황은 완전히 달라졌고, 블랙홀이 우주에 실재하고 또 흔하다는 사실을 의심하는 물리학자나 천문학자는 발견하기 어렵다.

이렇게 극적으로 변화하는 과학적 견해는 증거에 기초하는 과학의 성격 때문이다. 어떤 아이디어가 처음에는 아무리 이상해 보여도, 증거가 충분히 강력해지면 과학자들은 결국 그 아이디어를 받아들일 것이다. 그래서 내가 개인적으로 좋아하는 과학의 정의도 '증거를 이용하여 우리가 합의에 이르게 돕는 방식'이다. 지구가 태양 주위를 돈다, 생물은 진화한다, 중력은 시공간의 휘어짐에서 생긴다 등 어떤 논란 많은 새 의견이 나와도 과학은 이 의견이 옳은지 아니면 역사의 쓰레기통에 버려져야 할지 합의할 수 있는 유일한 방법을 제공한다.

8.

팽창하는 우주

아인슈타인의 이론들은 너무나 혁명적이고 현대적이어서 우주에 대한 이해가 매우 제한적이던 시절에 발견한 이론들이라는 사실을 잊기 쉽다. 예를 들어, 7장에서 이야기했듯이, 일반 상대성 이론이 블랙홀의 가능성을 피력했을 때 블랙홀이 실제로 존재한다고 믿는 사람은 그 후 수십 년이 지나도록 거의 없었다. 마찬가지로, 특수 상대성 이론에서 공식 $E = mc^2$을 제시하며 항성들은 이론상 질량의 아주 적은 부분을 에너지로 바꾸며 빛을 낼 수 있음을 시사한 후에도 30년이 더 지나서야 핵융합의 체계가 발견되었다.

아마도 오늘날 사람들에게 가장 놀라운 사실은, 아인슈타인이 상대성 이론을 연구할 당시 사람들의 우주에 대한 개념은 지금과는 매우 달랐다는 점일 것이다. 오늘날에는 초등학교 아이들도 은하수가 우리가 사는 은하계이고, 그것은 우주의 수많은 은하계 중 단지 하나일 뿐이라는 사실을 말할 수 있다. 하지만 1915년 아인슈타인이 일반 상대성 이론을 발표했을 때, 천문학자들은 아직도 개별적인 은하계가 존재하느냐 아니냐를 놓고 활발한 논쟁을 벌이고 있었고,[1] 많은 수가(아마 대부분이) 은하수가 우주의 전부라고 믿는 쪽이었다. 지금 우리가 관측 가능한 우주에 약 1,000억 개의 은하계가 존재한다고 생각하고 있음을 감안하면, 1915년에는 오늘날 우리가 아는 우주보다 (은하계의 수로 볼 때) 약 1,000억 배 더 작게 생각했다는 뜻이다.

이러한 역사적 배경을 알아둔 후 이제 우리는 이 책의 마지막 주제로 넘어간다. 바로 일반 상대성 이론의 한 예측으로, 당시에는 너무나 놀라워서 아인슈타인 자신도 믿지 않았던 예측이다. 아인슈타인은 자신의 이론을 믿지 않았음에도 불구하고 우리가 우주를 이해하는 매우 중요한 요소일지도 모르는 아이디어를 내놓았다.

┃ 아인슈타인의 가장 큰 실수

일반 상대성 이론을 발표하고 난 직후, 아인슈타인은 일반 상대성 이론의 공식을 연구를 하다가 공식에 다소 받아들이기 곤란한 암시가 있음을 깨달았다. 모든 물체가 중력으로 다른 물체를 끌어들인다면, 그의 공식은 우주가 안정될 수 없다고 말하고 있었던 것이다. 즉, 그는 모든 물체가 제자리에 머무는 우주를 가정하려고 했으나, 중력

---

1) 사람들은 이 사실에 종종 놀란다. 오늘날 우리는 망원경으로 쉽게 다른 은하계의 사진을 찍을 수 있기 때문이다. 하지만 당시의 망원경은 성능이 약해서 은하계들이 흐릿하게 퍼진 빛으로 보였고 그래서 이 빛이 은하수 내의 가스인지 다른 은하계인지 명확히 구분할 수 없었다.

이 모든 물체를 끌어당기면 우주는 붕괴하고 말 것이었다. 본질적으로, 그의 이론대로 하자면 우주는 오래전에 붕괴하여 블랙홀이 되었어야 했다.

지금 돌아보면 우리는 일반 상대성 이론과 붕괴하지 않는 우주를 조화시킬 방법이 최소한 두 가지 있음을 안다. 첫째는 일반 상대성 이론이 그 자체로 옳고, 우주가 붕괴하지 않는 이유는 우주가 팽창하기 때문이라고 가정하는 것이다. 다시 말해, 우리가 팽창하는 우주에 산다고 가정하면, 이 팽창이 우주를 붕괴시키려는 중력의 경향을 상쇄할 것이다. 일반 상대성 이론과 현실을 조화시킬 두 번째 방법은 일반 상대성 이론이 무언가를 빼먹고 있다고 가정하는 것이다. 특히 일반 상대성 이론의 공식은 중력이 전반적으로 끌어당기는 힘을 상쇄할 어떤 용어를 빠뜨리고 있는 것이다. 이 경우, 우리는 우주를 유지할 수 있게 해 주는 어떤 새로운 용어를 첨가하여 일반 상대성 이론을 '고치려' 시도할 수 있다.

아인슈타인은 물론 지금 우리가 아는 지식을 가지고 있지 못했다. 더구나 아인슈타인은 어떤 이유에선지 몰라도 우주가 영원히 고정된 것이어야 한다고 믿었다. 그러므로 그에게는 자신의 이론과 현실을 조화시키는 두 번째 방법만 열려 있는 듯 보였고, 그래서 그 방법을 선택했다. 본질적으로 그는 중력의 끌어당기는 힘을 상쇄하여 우주를 자신이 생각하는 개념에 맞추기 위해 일반 상대성 이론 공식에 애매한 요소를 하나 첨가했다. 이 애매한 요소는 하나의 용어로 나타났고, 아인슈타인은 그것을 우주 상수라고 불렀다.

아인슈타인은 1917년 발표한 논문에서 우주 상수를 세상에 소개했다. 하지만 당시에도 그는 이 용어를 추가한 것을 거의 미안해하는 듯했다. 이 용어는 증거에 근거하여 정당화될 수 있는 것도 아니고, 간단할 수도 있는 공식의 구조를 복잡하게 만들었음도 인정했다. 그는 또 우주를 영원히 고정된 것으로 만들려는 자신의 고집만 아니라면 자신의 공식은 그 자체로 괜찮을 수 있음도 알았다.

　아인슈타인은 나중에 우주 상수의 도입을 자신의 경력에서 '가장 큰 실수'라고 불렀다. 이 말은 (물리학자 조지 가모프〔George Gamow〕의 자서전을 통해) 간접적으로 들었기 때문에 우리는 아인슈타인이 왜 그렇게 말했는지 정확히 모르지만, 합리적인 추측은 해볼 수 있다. 아인슈타인은 깊이 믿는 신념이 많았지만, 또한 증거에 근거한 과학의 과정에 헌신한 자신을 자랑스럽게 여기기도 했다. 예를 들어, 일반 상대성 이론의 경우, 그는 핵심 아이디어(등가 원리)를 '가장 행복하게 만든 생각'이라고 했지만, 후에 수성 궤도의 세차 운동을 설명한 것을 자신의 과학 경력에서 최고의 시점이라고 여겼다. 우주 상수의 도입은 아인슈타인의 경력에서 증거를 찾지 않은 채 우주에 대한 자신의 생각에 이론을 맞춘 드문 경우로 보인다. 이러한 맥락에서 그는 우주 상수 때문에 팽창하는 우주를 예측하지 못해서가 아니라, 과학의 원칙에 대한 자신의 헌신에서 벗어났기 때문에 우주 상수를 '가장 큰 실수'라고 생각했을지도 모른다.

| 팽창의 발견

아인슈타인의 우주 상수를 제외하면 우리에게는 한 가지의 놀라운 사실만 남는다. 우주가 분명 붕괴하지 않고 있기 때문에 일반 상대성 이론은 사실 우주가 팽창하고 있어야 한다고 예측하고 있는 것이다. 이 예측은 아인슈타인이 일반 상대성 이론을 발표한 후 10여년이 지나 에드윈 허블(Edwin Hubble)이 확인해 주었다.[2] 그리고 그이래로 너무나 많은 관측이 이 예측을 확인해 주었기 때문에 우리는 지금 우주 팽창을 기정사실로 간주하고 있다.

허블이 우주가 팽창한다는 사실을 발견한 것은 자신과 다른 사람들이 10년 동안 신중하게 관찰한 결과로, 그 핵심 부분은 두 가지라고 할 수 있다. 첫째, 그는 은하수 외에 다른 은하계들이 존재함을 증명했다. 그는 강력한 새 망원경으로 비교적 가까운 은하계들의 항성들과 항성 무리를 볼 수 있었던 것이다. 그렇게 함으로써 다른 은하계들까지의 거리를 추정할 수 있었는데, 그 거리들은 너무나 멀어서 모두가 그 은하계들이 은하수 너머에 존재한다는 데 동의했다. 둘째, 그는 많은 은하계까지의 거리를 추정하는 한편 (스펙

---

2) 사실 벨기에의 가톨릭 사제이자 과학자 조르주 르메트르(Georges Lemaitre)가 허블이 연구 내용을 발표하기 2년 전에 팽창하는 우주에 관한 논문을 발표했다. 일부 역사가는 그러므로 르메트르가 이 발견의 공로를 인정받아야 한다고 주장한다. 하지만 허블은 프랑스어로 발표된 르메트르의 논문을 알지 못했을 수 있고, 최근 허블우주망원경과학연구소의 마리오 리비오(Mario Livio)의 조사에 의하면 르메트르 자신도 공로를 인정받아야 한다고 생각하지 않는 듯하다.

트럼선의 변화를 살펴서), 그 은하계들이 지구를 향해 오는 혹은 지구에서 멀어지는 속도를 측정했다. 그리고 아주 가까운 일부 은하계를 제외하고 모든 은하계는 지구에서 멀어지고 있으며, 지구에서 멀리 떨어져 있으면 있을수록 더 빠른 속도로 멀어지고 있음을 발견했다.

이 관찰이 어떻게 우리가 팽창하는 우주에 살고 있다는 결론으로 이어졌는지는 오븐에서 굽고 있는 건포도 케이크를 생각하면 쉽게 이해할 수 있다. 당신이 건포도를 1센티미터 간격으로 놓고 굽는다고 상상하라. 케이크를 오븐 안에 넣으면 한 시간 후에 건포도 사이의 간격은 3센티미터가 될 때까지 커진다. 케이크 밖에서 볼 때 케이크의 크기가 커진다는 사실은 매우 명백하다. 하지만 우리가 우주 안에 살듯이 당신이 케이크 안에 살고 있다면 무엇을 볼 것인가?

이 질문에 대답하기 위해 한 건포도를 '우리 건포도'라고 정해 보자(어느 것이든 상관없다). 그림 8.1은 그렇게 한 건포도로 정하고 다른 몇몇에 번호를 붙여서 굽기 전과 구운 후를 보여 주고 있다. 그 다음 쪽의 표는 우리 건포도 안에서 살 때 무엇을 보는가를 요약하고 있다. 예를 들어 건포도 1은 굽기 전 거리 1센티미터에서 시작해 구운 후에는 3센티미터가 되어 한 시간 동안 우리 건포도를 기준으로 2센티미터를 움직였음을 알 수 있다. 그래서 우리 건포도에서 본 건포도 1의 속도는 시속 2센티미터이다. 건포도 2는 굽기 전 거리 2센티미터에서 구운 후 6센티미터까지 움직였으므로, 한 시

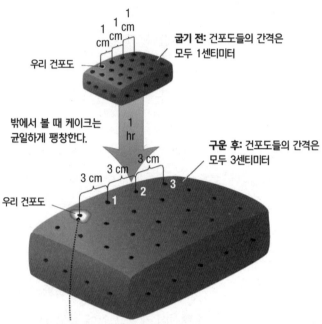

굽기 전: 건포도들의 간격은
모두 1센티미터

우리 건포도

1
cm
1 1
cm cm

밖에서 볼 때 케이크는
균일하게 팽창한다.

1
hr

구운 후: 건포도들의 간격은
모두 3센티미터

3 cm
3 cm
3 cm
3 cm

1 2 3

우리 건포도

하지만 우리 건포도에서 볼 때 다른 모든 건포도는
굽는 동안 멀어진다. 더 먼 건포도는 더 빨리 멀어진다.

우리 건포도에서 본 거리와 속도

건포도 번호	굽기 전 거리	구운 후 거리(1시간 후)	속도
1	1 cm	3 cm	2 cm/hr
2	2 cm	6 cm	4 cm/hr
3	3 cm	9 cm	6 cm/hr
⋮	⋮	⋮	⋮

그림 8.1
팽창하는 건포도 케이크의 한 건포도 안에 산다면, 다른 모든 건포도가 당신에게서 멀어지는 것을
관찰할 것이다. 더 먼 건포도는 더 빨리 멀어진다. 마찬가지로, 더 먼 은하계가 더 빠른 속도로 우리에
게서 멀어지고 있다는 사실은 우리가 팽창하는 우주에 살고 있음을 암시한다.

간 동안 우리 건포도를 기준으로 4센티미터를 움직였다. 그래서 건포도 2의 속도는 4센티미터로, 즉 건포도 1의 속도보다 2배 더 빠르다. 표가 보여 주듯이 이러한 패턴은 계속되어 당신은 다른 모든 건포도가 우리 건포도에서 멀어지고 있음을 볼 것이다. 더 먼 건포도는 더 빨리 멀어진다. 이것은 허블이 은하계들을 관찰하면서 본 것과 똑같고, 우리가 팽창하는 우주에서 살고 있다는 결론을 내리게 해 준다.

건포도 케이크 비유에서 주요 문제점은 케이크가 3차원 물체이고 더 큰 3차원의 공간 안에 자리 잡고 있다는 것이다. 즉, 우리는 밖에서 케이크를 볼 때 케이크의 중심과 가장자리를 본다는 의미고, 케이크는 이미 존재하는 공간 안으로 팽창한다는 의미다. 일반 상대성 이론에 따르면, 우주의 구조는 그 안에 있는 질량을 가진 물체에 의해 결정된다. 즉 공간이나 시공간을 우주와 따로 떼어 생각할 수 없다는 의미다. 보다 실질적으로 말해, 우주는 중심이나 가장자리가 없고, 이미 존재하는 공간 안으로 팽창하는 것이 아니다. 좀 더 정확히 말하면, 우주가 팽창하면서 은하계 사이에 존재하는 공간이 늘어나는 것이다.

이 사실은 우주가 어떻게 뭔가의 안으로 팽창하지 않고 팽창할 수 있는지 궁금하게 한다. 지금까지 그래왔듯이, 우리가 그것을 머릿속에 그리는 유일한 방법은 2차원적 비유를 이용하는 것이다. 이 경우, 우주를 부풀어 오르는 풍선의 표면이라고 생각하자. 지구의 표면과 마찬가지로, 풍선의 표면은 2차원이다. 풍선의 표면에서 독립적으로

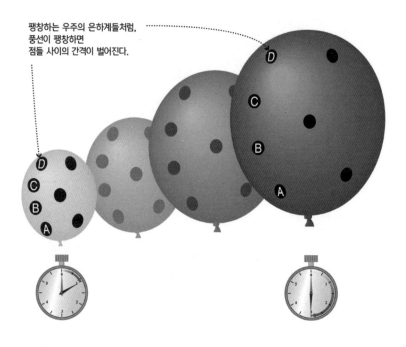

팽창하는 우주의 은하계들처럼,
풍선이 팽창하면
점들 사이의 간격이 벌어진다.

그림 8.2
팽창하는 풍선의 표면은 우주의 팽창에 대한 훌륭한 2차원적 비유다. 풍선의 표면만 우주를 나타냄에 주의하라. 풍선 안과 바깥은 우주가 아니다.

가능한 운동의 방향은 (동서와 남북) 두 가지이기 때문이다. 그러므로 우리는 2차원 표면으로 공간의 세 가지 차원을 나타낸다. 즉 이 비유에서 풍선 안과 풍선 표면 바깥은 우리의 우주가 아니다.

그림 8.2는 팽창하는 풍선 위에 은하계들을 나타내는 점들을 찍은 것이다. 건포도 케이크에서처럼 당신은 한 점을 '우리의 점'으로 고를 수 있고, 풍선이 팽창하면서 모든 다른 점들이 우리의 점으로부터 멀어지는 것을 볼 것이다. 더 먼 점은 더 빨리 멀어진다. 이번 비

유에서는 몇 가지 중요한 점이 실제 우주와 같다. 지구의 표면과 마찬가지로 풍선의 표면에도 중심이나 가장자리가 없다(물론 풍선 속에 중심이 있지만, 풍선 속은 표면의 일부가 아니다. 다시 말해, 뉴욕이 지구 표면의 '중심'이 아니듯, 풍선 표면의 어떤 점도 풍선 표면의 중심이 아니다). 또한 풍선이 팽창하면서 풍선 표면은 커지지만, 이미 존재하는 풍선 일부의 안으로 커지는 것이 아니다. 우주가 팽창하면서 우주 자체가 늘어나는 것과 마찬가지로 풍선이 팽창하면 풍선 표면 자체가 늘어나는 것이다.

┃ 빅뱅

풍선 비유는 또한 우리를 또 다른 예측으로 이끈다. 현재에서 과거로 거꾸로 추론하면, 풍선의 표면은 시간을 거슬러 올라갈수록 분명 점점 더 작아질 것이다. 어느 시점에서는 무한대로 작아져 그것보다 더 작아질 수 없게 될 것이다. 우리는 풍선이 팽창을 시작한 시작점이 있었을 것이라고 추론하고, 이를 우주에 적용해 우주의 팽창에도 시작점이 있었을 것이라고 예측한다. 다시 말해, 우주가 팽창하고 있다는 사실은 우주가 과거 특정 시점에 태어났고, 이 순간부터 팽창을 시작했다고 예측하게 한다. 우리는 이 순간을 빅뱅(Big Bang)이라고 부른다. 우주가 얼마나 빠르게 팽창하고 있는지를 고려하면, 우리는 거꾸로 계산하여 언제 빅뱅이 일어났는지를 추정할 수 있다. 현재 가장 정확한 추산은 우주의 나이를 140억 년이 좀 못 되는 것으로 본다(보다 정확하게, 유럽우주기구의 플랑크 위성이 보낸 자료에 따라 2013년 발표된 바에 따르면 약 138억 년이다).

우주 팽창에 대한 이야기를 계속하기 전에, 나는 빅뱅에 대해 두 가지 중요한 점을 간략하게 다루고 싶다. 첫째, 우리의 비유가 보여 주는 것처럼 빅뱅은 그저 팽창의 시작을 나타내는 이름일 뿐이다. 이미 존재하는 공간으로 물질들을 날려 보내는 폭발이 아니다. 이미 존재하는 공간은 없기 때문이다. 둘째, 빅뱅이라는 아이디어는 우주의 팽창을 실제 관찰한 것을 근거로 도출한 논리적인 예측이고, 이 예측은 또 우주는 정지해 있을 수 없다는 일반 상대성 이론의 예측을 확인해 준다. 그렇지만 과학의 모든 것과 마찬가지로 예측은 그것을 뒷받침하는 증거를 발견할 때까지는 추측일 뿐이다. 과학자들은 빅뱅이 실제로 일어났다는 강력한 증거들을 찾았다.

짧게 말해서, 빅뱅을 뒷받침하는 세 가지 종류의 주요 증거가 있다. 첫째, 빛은 공간을 통해 먼 거리를 올 때 시간이 걸리므로, 우리는 먼 거리에 있는 물체들을 볼 때 그 물체의 먼 과거의 모습을 본다는 사실을 기억하라. 예를 들어, 70억 광년 떨어진 은하계들을 볼 때,[3] 우리는 70억 년 동안 공간을 이동해 우리에게 닿은 빛을 보고

---

3) 팽창하는 우주에서 먼 거리는 다소 애매모호하다. 오늘날의 먼 은하계들은 우리가 지금 보는 빛이 우리를 향해 오기 시작했을 때보다 더 멀리 가 있을 것이기 때문이다. 이 책에서 예컨대 70억 광년이라고 할 때는 빛이 우리에게 닿는 데 70억 년이 걸린 거리에 있는 은하계를 의미한다. 이러한 모호성을 피하기 위해 천문학자들은 종종 70억 년의 '룩백 타임(lookback time)' 거리에 있다고 말한다. 그 은하계의 70억 년 전 모습을 보기 때문이다.

있는 것이다. 즉 우리는 그 은하계들의 70억 년 전의 모습을 보고 있는 것이다. 약 140억 년 전에 정말 빅뱅이 있었다면, 그러한 은하계들은 지구와 가까운 은하계보다 (평균적으로) 나이가 절반 정도밖에 되지 않아야 한다. 먼 거리의 은하계들은 실제로 가까운 은하계들보다 더 젊다는 증거를 보여 주고 있다. 이는 우주의 유한한 나이를 암시하면서 빅뱅 아이디어를 뒷받침하고 있다.

두 번째 종류의 증거는 우주 마이크로파 배경(cosmic microwave background)의 관찰이다. 우주 마이크로파 배경은 전문 망원경으로 우주의 모든 방향에서 오는 마이크로파 복사를 감지한 것이다. 이것이 어떻게 빅뱅 이론을 뒷받침하는가를 이해하기 위해, 공기를 압축할 때 무슨 일이 일어나는지를 생각해 보자. 압축은 공기를 더 뜨겁게 만든다. 마찬가지로, 빅뱅 이론은 우주가 더 젊었을 때는 본질적으로 더 작은 크기로 압축되어 있었기 때문에 지금보다 더 뜨거웠을 것이라고 예측한다. 뜨거운 물체는 언제나 복사를 방출한다. 젊은 우주는 어디에나 강렬한 빛으로 채워져 있었을 것이다. 우주가 팽창하고 식으면서 우주가 당겨져 늘어나고 빛의 파장도 점차 당겨져 늘어났을 것이다. 1940년대에는 만약 빅뱅이 있었다면 오늘날의 우주는 절대온도 영(0)도보다 몇 도 높은 온도를 가진 복사로 채워져 있어야 한다고 처음 계산했다. 즉, 마이크로파 복사가 감지되어야 한다고 시사했다. 1960년대 초반에 처음 감지된 우주 마이크로파 배경은 절대온도 영(0)도보다 약 3도 높은 온도였어서 빅뱅 이론의 예측과 일치한다. 사실, 빅뱅 이론은 우주 마이크로파 배경 스펙트럼의 정확한 특징들을 좀 더 자세히 분석해 예측하고 있고, 실제 관찰은 이들 예측과 아주 잘 맞아떨어진다.

세 번째 종류의 증거는 우주의 전반적인 화학적 구성을 관찰한 결과다. 빅뱅 이론으로 초기 우주의 온도와 밀도를 계산할 수 있고, 이들 조건은 다시 초기 우주의 화학적 구성을 예측할 수 있게 해 준다. 아주 초기, 유일한 원소는 수소였을 것이다(수소의 핵은 양성자로만 되어 있다). 너무 뜨거워서 양성자와 중성자가 더 큰 원자핵에서 함께 있을 수 없었을 것이기 때문이다. 하지만 빅뱅 후 약 5분이라는 매우 짧은 시간 동안 일부 핵융합이 일어났을 것이고, 계산으로 예측한 바에 따르면 우주의 화학적 구성은 (질량 기준으로) 수소 75%와 헬륨 25%로 바뀌었다. 더구나 이 물질의 비교적 적은 일부가 항성들에 의해 더 무거운 원소들로 융합된 것을 제외하면, 우주는 오늘날에도 이 기본적인 화학적 구성을 유지하고 있을 것으로 기대되고, 관찰에 의하면 실제 그렇다. 다시 말해, 빅뱅 이론은 우주의 화학적 구성을 예측했고, 관찰은 이 예측을 확인해 주었다.

요약하면, 빅뱅이라는 아이디어는 일반 상대성 이론의 팽창하는 우주 '예측'에서 나온 자연스러운 결과물이다. 세 가지 종류의 강력한 증거가 빅뱅 아이디어를 뒷받침하고 있어, 우리의 우주가 정말 대략 140억 년 전에 팽창을 시작했다는 데는 과학적으로 의심할 여지가 거의 없는 듯 보인다.

| 우주의 기하학적 구조

팽창하는 우주를 풍선에 비유한 것을 보면 시공간의 전체 '모양'이 어떨지 궁금할 것이다. 우리는 중력이 시공간의 휘어짐에서 생기며, 시공간의 부분적인 모양은 다양한 형태를 띨 수 있음을 안다. 하지만 전체 시공간은 시공간 안의 질량을 가진 모든 물체가 작용한 결과 어떤 전체적인 모양을 띠고 있음에 틀림없다. 즉, 우주에서 질량을 가진 개별 물체는 부분적인 휘어짐을 만들고, 이 모든 부분적인 휘어짐이 모여 어떤 전반적인 모양을 만들 것이다. 이 개념은 우리가 지구를 보는 방식과 비슷하다. 부분적으로 볼 때 지구의 표면은 산, 계곡, 그 밖의 지형들로 여러 곡선을 그리지만 전반적으로 지구는 분명 둥글다.

팽창하는 우주를 풍선에 비유할 때 우리는 본질적으로 우주의 모든 부분적인 휘어짐이 모여 지구의 표면과 같은 둥근 모양이 된다고 가정하고 있다. 하지만 이것 외에도 가능한 모양이 있다. 두 번째 가능한 시공간의 전체적인 모양은 평평한 트램펄린과 같은 모양이다. 부분적으로는 중력에 의한 휘어짐이 있지만 말이다. 세 번째 가능성은 지구나 풍선처럼 둥근 모양이 아니라 말 안장의 표면과 같이 바깥으로 펼쳐진 모양이다.

그림 8.3은 2차원적 표면을 이용해 이 세 가지 가능한 기하학적 구조를 보여 준다. 중심과 가장자리가 생기는 것을 피하기 위해 평평한 모양과 안장 모양에서는 무한대로 확장된 모습을 상상해야 함

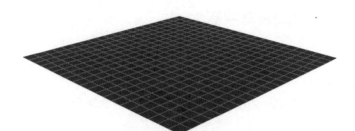

평평한(임계) 기하학적 구조

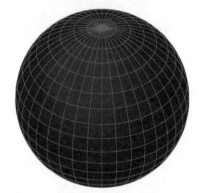

구체(닫힌) 기하학적 구조

안장 모양(열린) 기하학적 구조

그림 8.3
세 가지 가능한 우주 전체 모양의 2차원적 비유

에 주의하라. 풍선 모양의 구체일 경우에만 유한한 표면을 가진다. 그리고 머릿속 그림을 완성하기 위해, 팽창하는 우주를 생각하며 세 가지 표면 모두 팽창한다고 상상해야 하고, 언제나 그렇듯 이들 표면은 4차원 시공간의 공간 구조를 2차원적으로 비유한 것에 지나지 않음을 기억해야 한다.

일반 상대성 이론은 이 세 가지 가능한 모양 중 어느 것이 우주의 실제 모양인지 말하지 않고 있다. 우주가 어떤 모양인지 알아내기 위해 우리는 다른 방식들로 이 질문에 접근해야 한다. 두 가지 주요 접근 방법이 있다. 한 가지는 우주의 물질 및 에너지의 총 밀도를 알아내는 것이다. 더 큰 밀도는 더 강한 중력을 의미하고 그러므로 더 큰 휘어짐을 의미하기 때문에 밀도를 이용하여 전체적인 모양을 계산할 수 있다. 또 한 가지는 팽창 속도의 변화를 살피는 것이다. 팽창 속도의 변화도 우주 전체의 중력의 총 세기를 말해 줄 것이기 때문이다.

▌ 팽창의 패턴

논리적으로 생각해 보면 우리는 중력이 점차 우주의 팽창 속도를 줄일 것이라고 예상할 수 있다. 우주에 질량을 가진 물체가 충분하다면 (그러므로 중력이 충분하다면) 팽창은 결국에는 멈출 것이고, 그다음에는 반대로 수축하기 시작할 것이다. 이 경우 우주는 언젠가 '빅

크런치(Big Crunch)'를 맞을 것이다. 만약 우주가 그보다 다소 적은 총질량을 가지고 있다면, 우리는 중력이 점차 팽창 속도를 늦추되, 팽창이 멈추고 수축이 시작되게 할 만큼은 늦추지 않을 것으로 기대할 수 있다. 우주는 항성들이 결국 다 타고 은하계가 어두워지면서 어떤 의미에서 시간이 지남에 따라 희미해져 갈 것이다.

이들 의견 중 어느 것이 옳은가는 쉽게 알 수 있다. 시간이 지남에 따라 팽창 비율이 어떻게 변하는지를 측정하면 되는 것이다. 어느 날 팽창이 멈출 것이라면, 팽창 속도는 이미 꽤 상당한 비율로 늦어지고 있어야 한다. 팽창이 영원히 계속될 것이라면, 늦어지는 비율은 훨씬 더 낮을 것이다.

팽창 비율의 변화는 어떻게 측정할 수 있을까? 이론상으로는 쉽다. 다시 말하지만, 빛은 우주의 먼 거리를 이동하는 데 시간이 걸리기 때문에, 더 먼 거리의 물체는 우주가 더 젊었을 때의 모습을 보여 준다. 예를 들어, 2억 광년 내의 은하계들을 본다면, 우리는 그것들이 멀어지고 있는 속도를 이용하여 지난 2억 년 동안의 팽창 비율을 알아낼 수 있다. 다음, 70억 광년 떨어져 있는 은하계들을 본다면, 우리는 이들 은하계들이 멀어지고 있는 속도를 이용하여 우주가 현재 나이의 절반인 70억 년 전의 팽창 비율을 알아낼 수 있다.

이론은 쉽지만, 실제로 과거 서로 다른 시간의 팽창 비율을 측정하는 것은 (주로 은하계의 거리를 충분히 정확하게 측정하는 것이 어렵기 때문에) 매우 어렵다. 하지만 1990년대부터 허블우주망원경과 그 밖의 강력한 새 관측소들이 생겨 천문학자들은 충분히 정확한 측정을 할수 있게 되었다. 그 결과 1998년에 처음 발표한 내용은 천문학자들을 거의 충격에 빠지게 했다.

그 충격적인 내용은 이렇다. 우리가 방금 이야기했듯이, 거의 모든 사람이 중력이 팽창 속도를 줄일 것이며 유일한 문제는 팽창의 속도를 많이 줄일 것인가 적게 줄일 것인가라고 생각했었다. 하지만 관찰 결과 팽창 속도는 전혀 줄어들지 않고 있음을 보여 주고 있다. 대신, 팽창 속도는 시간이 지남에 따라 점점 더 빨라지고 있다.

| 결국 실수가 아니었다?

무엇이 우주 팽창의 속도를 줄이지 않고 점점 더 빠르게 만들 수 있을까? 진실은 아무도 모른다는 것이다. 이렇게 아무도 모른다는 사실은 뉴스를 통해 천문학 동향을 들어 본 사람에게는 놀라운 일일지도 모른다. 왜냐하면 대부분의 과학자는 이미 그 해답에 이름까지 붙여놨기 때문이다. 바로 암흑 에너지(dark energy)다. 그러므로 과학자들이 암흑 에너지가 우주의 팽창 속도를 점점 빠르게 만들고 있다는 '사실'에 대해 이야기하는 것을 들을 것이고, 심지어 팽창이 점점 더 빨라지는 방식에서 추론한 암흑 에너지의 특징에 대해 이야기하는 것을 뉴스에서 들었을지도 모른다. 하지만 어떤 것에 이름을 부여했다고 해서 반드시 그것을 안다는 뜻은 아니다. 암흑 에너지에 대해 당신이 알았으면 하고 바라는 한 가지가 있다면 그것은, 암흑 에너지에 대한 모든 아이디어는 추측에 지나지 않으며 기껏해야 일정 지식에 기반한 추측이라는 것이다. 누가 말했건, 그 사람이 얼마나 유명한 과학자이건 상관없이 모두 추측일 뿐이다. 지금으로서는 암흑 에너지의 성격에 대해 결정적인 증거는 없다. 즉, 우리는 그것이 무엇인지 모른다.

암흑 에너지를 이해하려는 탐구는 오늘날 과학에서 가장 큰 모험 중 하나이지만, 우리는 상대성 이론을 소개하는 이 책의 목적에 집중하며 이와 관련한 흥미로운 이야기 하나를 곁들인다. 일반 상대성 이론의 공식이 점점 더 빠르게 팽창하는 우주 개념과 맞는가 하고 질문했을 때 그 대답은 이렇다. 수학적으로 일반 상대성 이론은 일반적인 중력을 상쇄할 어떤 용어를 포함시키면 가속하는 팽창과 어긋나지 않는다. 다시 말해, 아인슈타인이 자신의 '가장 큰 실수'라고 불렀던 애매모호한 요소인 우주 상수를 포함시키면 양립할 수 있다.

이 사실이 현실과 상관이 있을지는 두고 볼 일이다. 상대성 이론과 양자역학이 블랙홀의 특이점에 대해 다른 대답을 내놓고 있는 것과 마찬가지로, 상대성 이론이 우주 전체의 기하학적 구조에 대해 반드시 옳은 대답을 제공하고 있다는 보장은 없기 때문이다. 일반 상대성 이론은 우주의 일부분 그리고 몇몇의 경우 아주 넓은 일부분에 관해서 많은 시험을 통과했지만, 우주 전체에 대해서도 진실인지는 아직 확신할 수 없다. 그래도 아인슈타인이 자신의 과학자 경력에서 최악의 순간이라고 여긴 때에도 시대보다 앞서 옳은 답을 내놓 았을지 모른다는 가능성은 충분히 흥미롭다.

▋우주의 운명

그 원인과 상관없이, 관찰로 알아낸 점점 더 빠르게 팽창하는 우 주는 우주의 궁극적인 운명을 암시하고 있다. 가속 팽창이 발견되 기 전에 우주에게는 두 가지 가능한 운명이 기다리고 있는 듯 보였 다. 한 가지는 중력에 의해 줄어들어 결국 찌그러지는 빅 크런치, 다 른 하나는 속도는 점차 줄어들지만 결코 끝나지 않는 팽창이었다. 앞으로의 관찰도 계속 가속 팽창을 뒷받침한다고 가정할 때, 우리는 세 번째 가능성, 즉 계속 가속하는 팽창을 추가해야만 한다. 몇몇 과 학자는 심지어 가속 팽창이 결국 팽창 속도를 너무나 빠르게 만들어 우주가 언젠가 찢어져 버릴 것이라며 '빅 립(Big Rip)'을 제안하기도 했다. 하지만 이 의견은 기껏해야 논란만 많은 의견이다.

가속 팽창의 보다 직접적인 암시는 팽창이 멈추고 수축을 시작할 가능성은 없을 것 같고, 팽창은 영원히 계속될 것 같다는 것이다. 실 제로, 가속 팽창이 영원한 팽창을 암시한다는 개념은 너무나 논리적 으로 분명해 많은 사람이 이것을 기정사실로 받아들이고 있다. 하지 만 이 책 전반에서 내가 강조하듯이 과학에서 논리는 충분하지 않 다. 무엇이 가속을 일으키고 있는지를 실제로 알기 전까지(즉 원인이라고 생각하는 것을 관찰이나 실험으로 입증할 수 있을 때까지) 우리는 우리의 논리가 옳은지 확신할 수 없다.

더 중요하게, 우리가 가속 팽창을 일으키는 신비한 암흑 에너지의 원천을 발견한다고 해도, 또 이 발견이 영원한 팽창이라는 논리를 뒷받침한다고 해도, 아직 주의해야 할 점이 있다. 즉, 현재의 가속을 보고 미래의 우주의 운명을 예견하는 논리의 확장은 오늘날 과학 지식의 한계만큼이나 타당성이 불충분하다는 것이다. 우주의 운명만 하더라도, 약 20년 전 가속을 발견했을 때 가속이라는 아이디어 하나만으로도 과학자들에게는 큰 충격이었다는 사실을 기억하라. 우주의 운명에 대한 우리의 견해를 다시 바꿔놓기 위해 필요한 것은 그저 이와 같은 또 다른 놀라운 발견 하나면 된다. 그리고 그러한 발견은 이론상 언제든지 이루어질 수 있다.

▎아인슈타인의 유산

우리는 블랙홀 상상 여행으로 이 책을 시작했다. 이 여행 중에 경험한 일을 이해하기 위해 우리는 아인슈타인의 특수 상대성 이론과 일반 상대성 이론을 살펴보았고, 이와 연관해 또 우주의 시작에서부터 마지막 가능한 운명까지 우주의 역사에 대해 생각해 보았다. 이 주제에 대해 사전 지식이 없었다면, 당신은 아마 운동의 상대성과 공간, 시간, 우주의 전반적인 성격 사이의 연관성을 배우면서 매우 놀랐을 거라고 생각한다.

아인슈타인의 유산은 보통 그의 발견들을 중심으로 이야기되고, 그가 물리학과 우주에 대한 우리의 이해를 혁신했다는 데는 의심의 여지가 없다. 그는 공간과 시간이 따로 뗄 수 없이 연결되어 있다는 사실을 가르쳤고, 중력을 이해하는 새로운 방식을 제시했으며, 그의 이론은 이제 블랙홀 같은 특이한 물체에서부터 우주 전반의 기하학적 구조까지 다양한 주제들을 이해하는 데 이용되고 있다.

하지만 내가 생각하는 아인슈타인의 가장 큰 유산은 과학적 사고의 엄청난 힘을 보여 준 것이라고 생각한다. 아인슈타인은 십 대 시절에 만약 빛을 타고 간다면 세상이 어떻게 보일까 궁금해하기 시작했다. 그리고 생각에 그치지 않았다. 그는 수학과 물리학을 깊이 있게 배워서 이 질문을 실제적으로 조사했고, 여러 가지 생각의 결과를 탐구했다. 이것이 과학의 본질이다. 나는 아인슈타인의 성취가 더 많은 사람으로 하여금 과학의 가치를 인식하게 하고, 과학의 힘을 이용해 우리가 사는 세상을 이해하는 데 힘을 보태고, 우리 모두를 위해 세상을 더 나은 곳으로 만들기 위해 노력하도록 도와주길 바란다.

당신이 우주에 남긴 흔적

나는 프롤로그에서 상대성 이론은 우리가 인간으로서 어떻게 우주 속에서 한 자리를 차지하고 있는지 이해하는 데 중요한 것이라고 주장하면서 이 책을 시작했다. 이제 아인슈타인의 이론들을 모두 소개했으니 이 주장을 되돌아보고 더 깊이 생각해 보기에 좋은 시점인 듯하다. 물론 사람들은 상대성 이론이 왜 중요한지 저마다 다른 결론에 이를 수 있고, 나는 당신도 당신 자신의 결론을 내라고 격려한다. 나의 경우, 상대성 이론은 적어도 네 가지 수준에서 중요하다고 생각한다.

첫 번째 수준은 순수 과학이다. 아인슈타인이 처음 세상에 상대성 이론을 소개한 이후 100여 년 동안 그의 특수 상대성 이론과 일반 상대성 이론은 광범위하고 반복적으로 시험 되었다. 오늘날, 상대성 이론의 타당성에 대해서는, 적어도 시험 된 범위 내에서는 의심의 여지가 없고, 그러므로 우리는 먼저 상대성을 이해하지 않고는 자연을 이해할 수 없다. 몇 가지 예를 다시 보자면 이렇다. 우리는 먼저 $E = mc^2$을 이해하지 않고는 항성들이 어떻게 빛을 내는지 이해할 수 없다. 우리는 먼저 중력이 시공간의 휘어짐에서 생긴다는 사실을 알지 못하고는 블랙홀이 무엇인지 이해할 수 없다. 우리는 먼저 시공간 전체의 4차원적 기하학 구조를 이해하지 않고서는 우주가 어떻게 뭔가의 '안으로' 팽창하지 않고 팽창할 수 있는지를 이해할 수 없다. 또한, 우리의 GPS 장치는 상대성 이론에 따른 계산 없이는 제대로 작동하지 못할 것이다. 이제 상대성 이론은 지구가 태양 주위를 도는 행성이라는 아이디어나 중력 때문에 물체가 땅에 떨어진다는 아이디어만큼이나 우주를 이해하는 데에 필수적이다.

상대성 이론이 중요하다고 생각하는 두 번째 수준은 현실에 대한 우리의 인식이다. 우리의 일상적 경험은 시간과 공간이 별개의 것이라고 추정하며 자라게 했지만, 상대성 이론은 그렇지 않음을 보여주었다. 아인슈타인의 동료 헤르만 민코프스키(Hermann Minkowski)는 1908년 말했다.

"이제부터 공간이나 시간 자체는 그림자 속으로 사라지고, 둘의 결합만이 독립적인 현실을 보존할 것이다."

게다가 일반 상대성 이론은 중력에 대한 우리의 인식을 바꾸었다. 뉴턴의 불합리한 원격 조종이 아니라 질량을 가진 물체들에 의해 휘어진 시공간의 기하학적 구조에 따른 자연스러운 결과로 받아들이게 되었다. 이러한 인식의 변화들은 우리가 일상의 삶을 살아가는 방식에 큰 영향을 끼치지 않을지 모르나, 우리를 둘러싼 세상을 이해하고 해석하는 방식은 분명 변화시켰다.

세 번째 중요한 수준은 아인슈타인의 상대성 이론 발견이 종(種)으로서 우리 인간의 잠재력을 말해 준다고 생각한다. 상대성이라는 과학은 인간이 노력하는 다른 분야와 별개의 것으로 보일지 모르지만, 나는 아인슈타인이 그렇지 않음을 보여 주었다고 믿는다. 아인슈타인은 자신의 삶을 통해 인권, 인간의 존엄성, 평화와 공동 번영의 세계를 웅변했다. 인간의 근본적인 선함에 대한 그의 깊은 믿음은 그가 두 세계대전을 겪었고, 나치 독일에서 쫓겨났으며, 동료 유대인 600만 명 이상을 사라지게 한 대학살을 목격했고, 자신의 발견이 핵폭탄 제조로 이용되는 것을 봤다는 점을 고려할 때 더욱더 감동적이다. 그가 그러한 비극들을 마주하며 어떻게 자신의 낙관주의를 유지할 수 있었는지는 아무도 정확히 모르지만, 나는 상대성이론에서 교훈을 본다. 당신도 보았듯이, 상대성의 아이디어들은 우리가 자라온 '상식'과는 너무나 달라 처음에는 믿기 어렵다. 나는 인간 역사의 많은 시대에서 상대성은 아마 즉각 거부되었을 것이라고 생각한다. 너무나 터무니없어 보이기 때문이다.

하지만 우리는 과학이라 부르는 과정 덕분에 증거가 선입견보다 더 중요하게 여겨지는 시대에 살고 있다. 증거가 상대성 이론을 너무나 강력하게 뒷받침하고 있기 때문에 우리는 현실에 대한 우리의 인식을 다시 정의해야 함에도 불구하고 상대성 이론을 받아들이게 되었다. 기꺼이 증거에 근거하여 판단을 내리려는 이 태도가 인간이 종으로서 성장하고 있음을 보여 준다고 나는 생각한다. 우리는 다른 모든 분야에서도 이와 같은 태도를 보여 주는 수준에는 아직 이르지 못했으나(그렇다면 세상에는 더 이상 부정과 부패가 없을 것이다), 과학에서 그렇게 했다는 사실은 그러한 수준에 이를 수 있는 잠재력을 가지고 있음을 시사한다.

마지막으로, 나는 상대성 이론이 네 번째이자 보다 철학적인 수준에서 중요하다고 본다. 1955년 사망하기 한 달 전쯤, 아인슈타인은 이렇게 썼다.

"죽음은 아무것도 의미하지 않는다… 과거, 현재, 미래의 구분은 그저 고집스럽게 끈질긴 환상일 뿐이다."

이 인용문이 시사하듯이, 상대성 이론은 시간의 흐름이 진정 무엇을 의미하는지에 대한 온갖 흥미로운 질문들을 불러일으킨다. 이러한 질문은 철학적인 것이기 때문에 정해진 답이 없으니, 이러한 질문들이 당신에게 의미하는 바를 스스로 결정해야 할 것이다.

하지만 나는 한 가지는 분명하다고 믿는다. 시공간의 이해에 근거해 볼 때, 시공간에서 일어난 사건들은 영원히 없앨 수 없다는 것이다. 일단 한 사건이 일어나면, 이 사건은 본질적으로 우주를 구성하는 일부가 되는 것이다. 당신의 인생은 사건의 연속이고, 이들 사건을 함께 모으면 당신은 우주에 지울 수 없는 흔적을 남기는 것이다. 모든 사람이 이 사실을 이해한다면, 우리는 아마 우리가 남길 흔적이 자랑스러워할 만한 것이 되도록 좀 더 신중하게 처신할 것이다.

- 제프리 베네트

감사의 말

많은 사람의 도움이 아니었으면 『상대성 이론이란 무엇인가 (What Is Relativity?)』를 쓰지 못했을 것이다. 나는 특히 천문학 교재 『우주적 관점(Cosmic Perspective)』의 공저자인 마크 보이트(Mark Voit)와 메건 도나휴(Megan Donahue) 그리고 닉 슈나이더(Nicholas Schneider)에게 감사를 표하고 싶다. 나보다 상대성 이론에 대해 휠씬 더 많이 알고 있는 마크와 메건은 『우주적 관점』에서 내가 상대성 이론에 대한 장들을 쓰게 도와주었고, 이 책에서 든 예들과 비유들 중 다수는 원래 『우주적 관점』을 위해 생각해 낸 것들이다.

또한 나는 마크 보이트와 콜로라도 대학 교수 앤드루 해밀턴 (Andrew Hamilton)에게서 큰 도움을 받았다. 두 사람은 이 책의 원고를 처음부터 끝까지 읽으며 일반 대중에게 적절한 수준을 유지하면서도 과학적 정확성을 잃지 않는 방법에 대해 여러 가지를 제안해 주었다. 나는 과학자가 아닌 두 독자, 내 좋은 친구 조안 마시 (Joan Marsh)와 내 아들 그랜트 베네트(Grant Bennett)에게서 또한 글을 좀 더 쉽고 명확하게 쓰는 많은 탁월한 제안들을 받았다.

나를 가르쳐 준 선생님들과 내 동료 중 다수도 내가 상대성 이론을 이해하는 데 중요한 도움을 주었다. 특히 하비 머드 칼리지(Harvey Mudd College)에서 나에게 처음 상대성 이론 수업을 지도한 헬리웰(T. M. Helliwell)과 콜로라도 대학의 다섯 교수들인 앤드루 해밀턴(Andrew Hamilton), 마이클 셜(J. Michael Shull), 리처드 맥크레이(Richard McCray), 시어도어 스노우(Theodore P. Snow), 맥킴 말빌(J. McKim Malville)에게 고마움을 표하고 싶다.

그리고 상대성 이론의 내용을 이해하게 도와주었고, 대중에게 그것을 어떻게 가르쳐야 할지 방법을 생각해 낼 수 있게 한 여러 책도 언급하고 싶다. 실제로 내가 이 책에서 제공한 사고 실험들과 비유들의 다수는 이들 다른 책에서 처음 접한 예들에 그 뿌리를 두고 있다. 이들 책은 아인슈타인 자신이 일반 대중을 위해 쓴 간단한 제목의 『상대성 이론(Relativity)』, 마틴 가드너(Martin Gardner)의 『상대성 폭발(The Relativity Explosion)』, 에드윈 테일러(Edwin Taylor)와 존 아치볼드 휠러(John Archibald Wheele) 공저의 『시공간 물리학(Spacetime Physics)』, 프랭크 슈(Frank Shu)의 『물리적 우주(The Physical Universe)』, 존 아치볼드 휠러의 『중력과 시공간(Gravity and Space-time)』, 미첼 베겔만(Mitchell Begelman)과 마틴 리스(Martin Rees) 공저의 『중력의 치명적인 인력(Gravity's Fatal Attraction)』, 킵 S. 손(Kip S. Thorne)의 『블랙홀과 시간 굴절(Black Holes and Time Warps)』, 칼 세이건(Carl Sagan)의 『코스모스(Cosmos)』, 월터 아이작슨(Walter Isaacson)의 『아인슈타인 삶과 우주(Einstein : His Life and Universe)』를 포함한다.

이 프로젝트를 믿어 주고 원고를 책으로 출판해 주신, 편집팀 패트릭 피츠제럴드(Patrick Fitzgerald)와 브리짓 플래너리-맥코이(Bridget Flannery-McCoy)를 포함한 컬럼비아대학출판부의 모두에게 특별한 감사를 전한다. 또한 우리 교재 『우주적 관점』을 각색하여 (대부분의 그림을 포함해) 상당한 자료를 가지고 이 책을 쓸 수 있게 해 주신 피어슨 애디슨-웨슬리(Pearson Addison-Wesley)의 낸시 휠턴(Nancy Whilton)과 다른 이들에게도 감사드린다. 끝으로, 언제나 나를 지지해 주고 영감을 주며 통찰을 주는 내 사랑하는 아내 리사(Lisa)와 아이들 그랜트와 브룩(Brooke)에게 감사함을 전한다.

- 제프리 베네트